오늘의 공간,
공간의 내일

Written by **JLP**

2020, 멈춤의 시간 그 이후

2020년.
누구에게는 커다란 고통으로, 누구에게는 멈춤으로, "이제 고마해라"라고
하는 자연의 경고로, 우리는 잠시 멈추어 삶의 방향과 방법을 다시
생각하는 한 해를 보냈다. 이 순간 우리에게 무슨 일이 있었고,
그것이 앞으로의 미래에 어떤 의미가 될지 반드시 짚고 넘어가야겠다는
생각이 들었다.

이 책은 2020년에 우리가 겪은 평범한 일상을 다시 돌아보고, 보고 배운
내용을 정리해 우리의 삶과 살아가는 방법에 대한 고민, 특히 우리가
살아가야 할 공간에 대해 예측해 보기 위해 만들었다. 많은 이들에게
작지만 의미 있는 가이드가 되고, 그것을 실현하는 일을 하는 모든 사람의
지침서가 된다면 더 좋겠다.

우리는 이 책을 준비하면서 현명한 답을 얻고 싶었다. 지난 1년간 서울과
미국 LA에서 객관적인 데이터를 모으면서 그것들이 표시하는 방향이
어디일지 궁금했다. 그리고 그 답은 어쩌면 허탈한, 너무나 당연한 것임을
깨달았다. 아주 거창하고 멋있는 게 아닌, 너무나 소소하고 당연한 데
해답이 있음을 알게 된 것 자체가 큰 배움이라고 생각한다.

덜 먹고 덜 쓰고 흥청망청 살지 않으면 되는 일이고, 우리를 지켜주어온
자연에게 감사하면 해결되는 일이라는 것을, 우리가 담아낸 이야기를 통해
일상을 살아내는 답을 찾는 시간이 되면 좋겠다.

JLP 대표이사 Jayson Lee

우리를 격려하며 끝까지 책 출간을 지지해 준 젠스타메이트를 비롯한 계열사의 모든 임직원분과,
JLP의 비전을 늘 응원하며 믿어주신 젠스타메이트 이상철 의장님께 감사의 인사를 전합니다.

일상의 변화에서 발견한 새로운 가치

2020년은 우리가 살아가면서 두고두고 되돌아볼 한 해가 될 것이다.
모든 나라의 교과서에 코로나19라는 전염병이 전 세계를 잠식하고 수많은
사망자를 낸 유례없는 역사로 기록될 것이다. 사람들은 이 한 해 동안
기억에 남는 일도 없고, 추억도 없다며 2020년이 사라져버렸다고들
이야기한다.

일상을 사는 방식이 완전히 달라졌고, 실리콘 밸리에서나 할 것 같았던
재택근무를 대다수의 회사에서 시행했다. 집은 일하는 사무실이자
공부하는 학교, 휴식도 하는 복합 공간으로 변하였다. 친구들을 만나
밥을 먹고 카페를 가는 일상이 사라졌으며, 집 밖을 나서는 일마저 두려워
음식과 생필품을 배달시켰다.

하나의 공간에서 다양한 활동을 동시에 하면서 공간의 유연성과 퀄리티가
중요하다는 사실을 알게 됐다. 실내 공간을 넓히기 위해 확장 공사를
한 아파트들은 발코니를 다시 만들기 시작했다. 전자제품을 찍어내듯
천편일률적으로 지어진 아파트들이 사용자에 의해 커스텀화되기 시작한
것이다. 이제 사람들은 더 나은 환경, 더 나은 삶의 질을 공간에서 찾기
시작했다.

바이러스와 싸우느라 당연하다고 생각했던 일상과 격리되며 우리의 주거
공간과 업무 공간, 여가 활동과 소비가 일어나는 방식, 이동하는 방식,
환경에 대해 생각하는 방식에 걸쳐 전방위적인 변화가 일어났다. 이러한
많은 변화에서 배울 수 있는 새로운 가치는 무엇이며, 공급자와 수요자가
윈윈하는 공간이 무엇인지에 대해 돌아보며 깨달은 바를 이 책을 통해
공유하고자 한다.

CHAPTER I. TODAY

1. Living   Multi-purpose Home ———————————————— 16

2. Working   Flexible Office ———————————————————— 28

3. Outing   Healing and Leisure ———————————————— 38

4. Buying   Hybrid Consumption ———————————————— 48

5. Moving   The Future Mobility ————————————————— 54

6. Surviving   The Better Environment ——————————————— 62

Lessons ————————————————————————————— 70

Director's Note ———————————————————————— 3

Prologue ——————————————————————————— 5

Essay —————————————————————————————— 200

Epilogue ———————————————————————————— 208

Contents

CHAPTER II. TOMORROW

1. Nature 자연과 안전 —————————————— 82

Rule 1. 도시의 자연, 복원하고 연결하다 —————————— 86
Rule 2. 자연의 도입과 실내 공간 경계의 유연성 —————— 92
Rule 3. 저층부 외부 공간의 활용 ——————————————— 102
Rule 4. 공간의 분리와 독립성 ————————————————— 114
Rule 5. 좋은 건축물의 기준, 친환경을 넘어 '웰빙' ———— 122

2. Contents 컨텐츠와 경험 ——————————————— 130

Rule 1. 라이프스타일 큐레이션, 목적을 제공하라 ————— 134
Rule 2. 자연이라는 강력한 컨텐츠 ————————————— 150
Rule 3. 도착하는 순간, 고객 경험의 시작 ———————— 160

3. Mobility 사람과 물류의 이동 ———————————— 174

Rule 1. 미래형 모빌리티 인프라, 선택 아닌 필수 ———— 178
Rule 2. 주차 시스템의 변화 ————————————————— 188

Lessons ——————————————————————————— 198

TODAY

1. Living ——————————— Multi-purpose Home
2. Working ——————————— Flexible Office
3. Outing ——————————— Healing and Leisure
4. Buying ——————————— Hybrid Consumption
5. Moving ——————————— The Future Mobility
6. Surviving ——————————— The Better Environment

Lessons

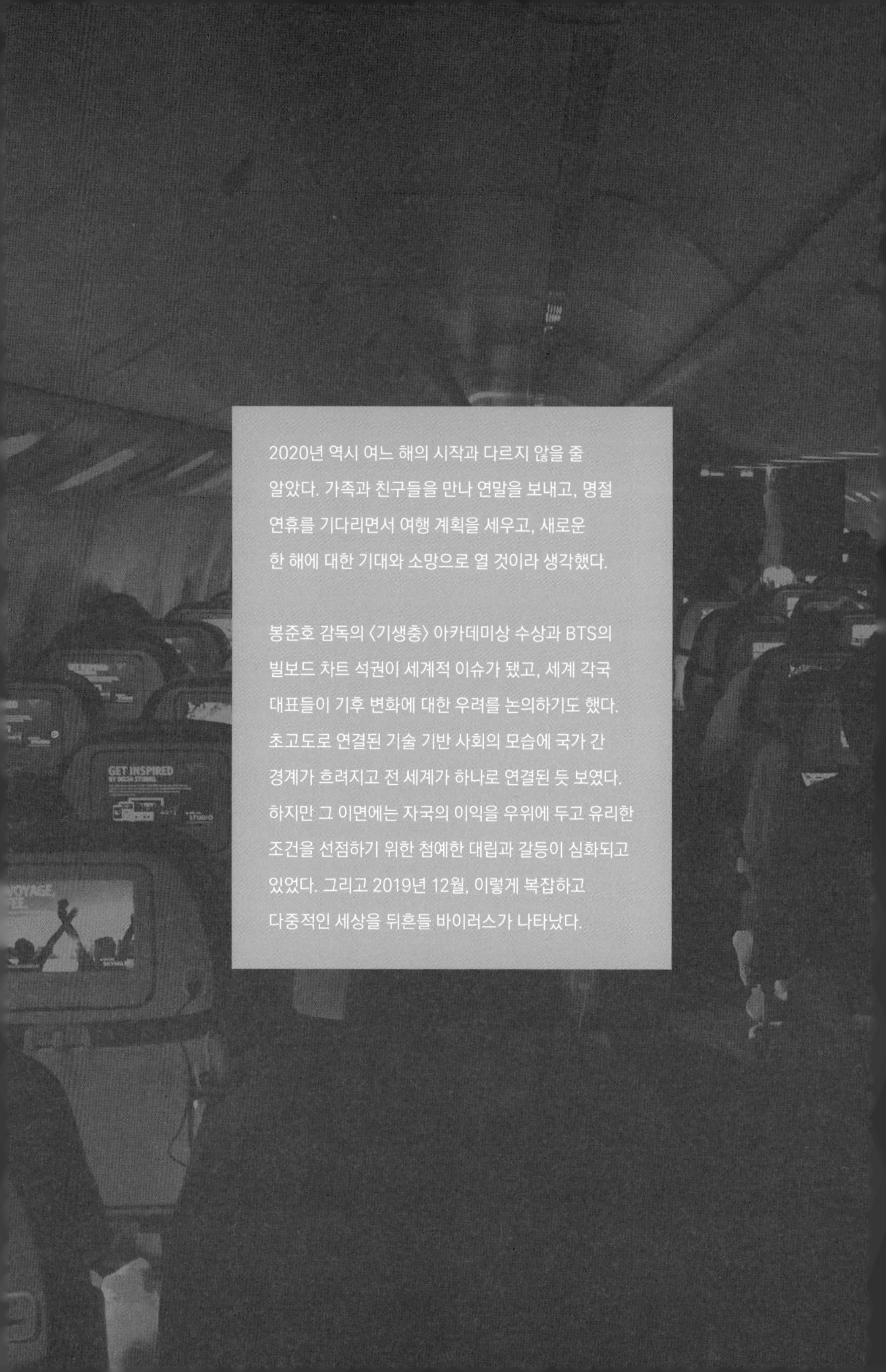

2020년 역시 여느 해의 시작과 다르지 않을 줄
알았다. 가족과 친구들을 만나 연말을 보내고, 명절
연휴를 기다리면서 여행 계획을 세우고, 새로운
한 해에 대한 기대와 소망으로 열 것이라 생각했다.

봉준호 감독의 〈기생충〉 아카데미상 수상과 BTS의
빌보드 차트 석권이 세계적 이슈가 됐고, 세계 각국
대표들이 기후 변화에 대한 우려를 논의하기도 했다.
초고도로 연결된 기술 기반 사회의 모습에 국가 간
경계가 흐려지고 전 세계가 하나로 연결된 듯 보였다.
하지만 그 이면에는 자국의 이익을 우위에 두고 유리한
조건을 선점하기 위한 첨예한 대립과 갈등이 심화되고
있었다. 그리고 2019년 12월, 이렇게 복잡하고
다중적인 세상을 뒤흔들 바이러스가 나타났다.

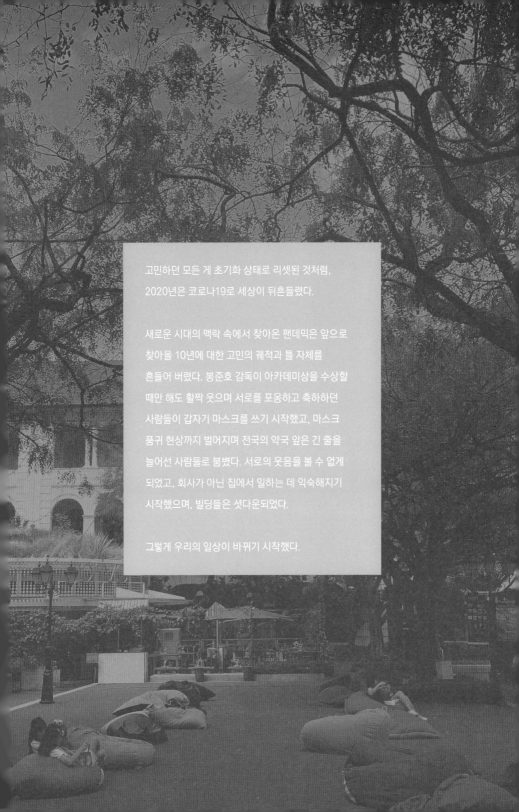

고민하던 모든 게 초기화 상태로 리셋된 것처럼,
2020년은 코로나19로 세상이 뒤흔들렸다.

새로운 시대의 맥락 속에서 찾아온 팬데믹은 앞으로
찾아올 10년에 대한 고민의 궤적과 틀 자체를
흔들어 버렸다. 봉준호 감독이 아카데미상을 수상할
때만 해도 활짝 웃으며 서로를 포옹하고 축하하던
사람들이 갑자기 마스크를 쓰기 시작했고, 마스크
품귀 현상까지 벌어지며 전국의 약국 앞은 긴 줄을
늘어선 사람들로 붐볐다. 서로의 웃음을 볼 수 없게
되었고, 회사가 아닌 집에서 일하는 데 익숙해지기
시작했으며, 빌딩들은 셧다운되었다.

그렇게 우리의 일상이 바뀌기 시작했다.

1

Living
Multi-
purpose
Home

"2019년과 2020년은 모든 게 혼란스러웠어요. 홍콩 지사로 발령받아 2018년부터
생활했으니까 이제 겨우 홍콩에 익숙해지려는 차였는데 말이죠. 2019년 홍콩 시위와
2020년 코로나19…. 결국 지난 2년간 재택근무를 하며 거의 집에 갇혀 있었던 것
같아요. 홍콩의 집들은 평균적으로 면적이 작은 편이라 휴식을 위한 가구와 공간을
모두 업무용으로 바꿔야 했죠. 식탁은 업무용 책상으로 용도가 바뀌고, 푹신한
소파 대신 데스크 의자를 들였죠. 저렴한 가격에 부담 없이 구입할 수 있었던 이케아
책상이나 의자는 수요가 많아지며 품귀 현상이 빚어지고, 휴식용 가구들은 버려지거나
중고 거래 사이트에 올라오는 일이 많아졌어요. 무엇보다 홍콩의 건물들은 각 유닛의
공기가 독립적으로 환기되지 않아서 한 명의 확진자가 발생하면 전체가 위험에
처한다는 게 큰 문제였어요. 이건 편의가 아니라 안전의 문제니까요. 아무래도 한국에
돌아갈 준비를 해야 할 것 같아요."

Justin, 34세, 디자이너

코로나19는 가족 구성원을 집으로 몰아넣었다. 직장으로, 학교로
흩어졌다 모이기를 반복하던 거점 공간이 24시간을 함께 쓰는 공유 공간으로
변했다. 새로운 홈 라이프에 필요한 요소들을 채우고 처분하면서 집이라는
공간에 대한 인식 역시 바뀌고 있는 중이다.

재택근무와 함께 우리의 일상은 바뀌기 시작했다

코로나19는 가장 먼저 우리의 일과를 바꾸어 놓았다. 재택근무가
시작되었고, 집에서 해야 할 일들이 늘어났다. 갑자기 찾아온 새로운
일상에 회사도 문을 닫고, 학교도 문을 닫았다. 기술의 발달에 힘입어
GotoMeeting, Zoom, MS Teams 같은 온라인 협업 툴로 일할 수 있을
것이라는 막연한 예상 속에 집으로 보내졌다.

아침저녁으로 안부를 묻던 가족 구성원들이 사회 속 각자의 자리에서 하던
모든 일을 어느 날 갑자기 집에서 하기 시작했다. 화상 회의와 원격 수업이
같은 공간에서, 어떤 경우엔 벽 하나를 사이에 두고 동시에 이루어졌다.
화상 회의 중 어린 자녀의 갑작스러운 등장 같은 에피소드가 있었지만,
곧 새로운 일상에 익숙해졌고 새로운 업무 공간이 집에서도 점점 자리를
잡아가기 시작했다.

급격히 늘어난 재택근무와 원격 수업

전 세계적으로 코로나19 기간 동안 재택근무를 하는 사람의 수가 3개월 동안 20배 늘었고,
원격 수업에 참여하는 학생 수가 2주 만에 2억 명이 늘었다. 이처럼 집에서 일어나는 활동이
더 다양해지고 가족이 같은 공간에서 머무는 시간이 겹치면서 새로운 형태의 주거 공간에 대한
필요성이 커지고 있는 상황이다.

재택근무
3개월 내 20배 증가

원격 수업
2주에 2억 명 증가

더 독립적이고 더 복합적인, 모순의 공간으로 자리 잡은 집

강제적으로 시행된 재택근무의 도입 이후 테크 기업 등 재택근무로도
충분히 업무 소화가 가능한 산업 일부에서는 코로나19 이후에도
재택근무를 영구 정착시키려는 움직임이 생기기 시작했고, 집에 대한
재정의가 필요한 시점이 왔다. 지금까지의 집은 자는 공간이자 휴식하는
공간으로 대표되었다. 부모들은 대부분의 낮 시간을 회사에서 보냈고,
자녀들은 하루의 대부분을 학교에서 보냈다. 저녁이나 되어서야 가족들이
귀가해 저녁을 먹고 각자 방에서 잠드는 곳이 집이었던 것이다. 하지만
이제는 집 안에서 일상생활과 업무를 병행한다. 집에서 보내는 시간이
많아지면서 어떤 공간은 좀 더 독립적인 기능을 수행할 필요가, 어떤
공간은 좀 더 복합적인 기능을 수행할 필요가 생겼다. 집에서 보내는 시간의
유형이 완전히 변하면서 같은 주거 공간의 평면이라도 사용하는 사람에
따라 공간의 용도가 변하기 시작했다. 거실은 재택근무자에겐 업무 공간이
되었고, 아이들이 있는 경우에는 놀이도 하고 책도 읽을 수 있는 공간이
되었으며, 딩크족 부부에겐 함께하는 시간이 늘어나 취미를 공유하는
공간이 되기도 했다. 또 가족의 형태가 대가족에서 구성원 수가 줄어듦에
따라 방의 기능 역시 누군가의 방에서 취미방, 운동방 등 용도의 따라
다르게 불리기 시작했다. 공간을 나누는 방법 역시 콘크리트 벽이 아닌 좀
더 가변성 있고 투명한 재료로 변하는 중이다.
집은 더 이상 세상으로부터의 쉼터가 아니게 되었고, 업무와 주거의 경계가
흐려졌다. 이제 집은 더 독립적이자 동시에 더 복합적인, 모순된 공간으로
새롭게 정의되고 있다.

공기도 기분도 전환할 수 있는 외부 공간이 필수

집에서 주거와 업무를 모두 해결해야 하는 상황이 계속되었고, 실내에서만
지내는 일상에 많은 사람들이 정신적 고충을 이야기하기 시작했으며,
'코로나 블루'와 같은 신조어들이 생겼다. 각자의 방법으로 실내 생활의
답답함을 해결해야만 했고, 마스크를 착용하고 산책하는 사람들이 생기기
시작했다. 집 안에서 외부 공간에 대한 욕구를 충족할 수 있는 마당, 중정,
발코니에 대한 관심이 높아졌다. 일부 지역의 아파트 가격을 분석해 본

다양한 기능으로 나누어진 주거 공간

주거 공간으로 들어온 자연

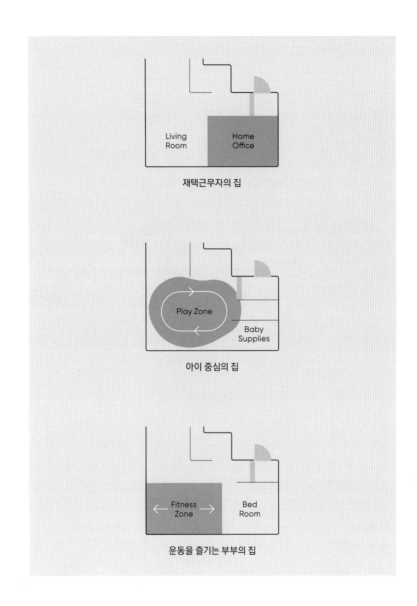

재택근무자의 집

아이 중심의 집

운동을 즐기는 부부의 집

다양한 라이프스타일을 수용하는 집의 구조

동일한 구조의 아파트라 해도 생활하는 사람들의 라이프스타일을 반영해 전혀 다른 공간으로
재탄생하게 된다. 재택근무자는 거실 일부를 오피스 공간으로 변경하고, 아이들이 있는 집에서는
거실의 가구 등을 최대한 없애 아이에게 안전한 공간을 확보하는 식이다.

결과, 테라스가 있는 아파트의 집값이 그렇지 않은 집보다 1.4배 정도 높게 거래됐다. 실외 공간의 중요성이 높아지자 새로 분양하는 테라스가 달린 아파트에 프리미엄이 붙어 거래되기 시작하였다. 구조적으로 테라스나 발코니 등 실외 공간을 확보하기 어려운 경우에도 자연을 집으로 들이고자 하는 욕구는 여전했다. 식물을 통해 실내 공간에서 자연을 느낄 수 있게 해주고 공기 정화에 도움을 주는 플랜테리어(Plant+Interior) 시장이 급속히 성장하는 계기가 됐다. 플랜테리어 산업이 관상용·공기 정화용으로 성장하는 한편, 주거 공간에서 채소를 길러 요리에 쓰는 '가정용 스마트 팜' 시장의 성장 가능성도 가늠해 볼 수 있다. 실제로 LG전자는 자동으로 적정 온도와 광량, 습도를 맞춰주는 '식물 재배기'를 CES 2020에서 발표해 주목받기도 했다.

식물 재배기 | LG전자 미디어 플랫폼 LIVE LG

일상의 변화에 맞춰 가파르게 성장하고 있는 인테리어 산업

사람들은 집 안에서 모든 걸 해결해야 하는 새로운 일상에 익숙해져 갔고, 집의 모습도 점차 바뀌어 갔다. 집은 구성원들이 함께하는 시간이 늘어나면서 더 복합적인 기능을 수행해야만 했고, 각자의 자리에서 각자의 일상을 처리하기 위한 독립적인 기능을 수행해야만 했다.

외부 활동이 제한되면서 사람들은 집에서 충분히 누리지 못하는 자연을 동경하게 되었고, 집에서 누릴 수 있는 실외 공간의 중요성이 어느 때보다

높아진 테라스의 가치

흥미롭게도 같은 아파트지만 테라스가 있는 세대가 분양가 대비 실거래가에서 더 큰 상승 폭을
보여주고 있다. 코로나19 이전에는 발코니를 확장해 실내 공간(거실)을 넓히는 게 트렌드였다면,
이제 발코니를 확보해 집 안에 야외 공간을 들여 자연과 만나고 싶은 욕구가 늘어났기 때문이다.

Bosco Verticale, Milano

전용 84m² 아파트 일반 세대 실거래가(원)

실거래가 11.05억

분양가 5.32억

← 약 5.7억 상승 →

전용 84m² 아파트 테라스 세대 실거래가(원)

실거래가 12.7억

분양가 5.78억

← 약 7억 상승 →

주목받기 시작했으며, 실내 공간을 확장하기 위해 없앴던 발코니를
복원하는 공사가 뉴스거리가 되기도 했다. 실내에서는 넷플릭스로
가족들이 다 같이 영화를 시청하고, 영화관 같은 분위기를 만들기 위해 더
큰 사이즈의 TV로 바꾸기 시작했다. TV 앞에 매트를 깔고 홈트레이닝을
시작했고, 라이브 방송 시간에 맞춰 친구들과 함께 요가를 하는 수업이
생겨났다.

집에서 누릴 수 있는 좀 더 쾌적한 거주 환경을 위해 그리고 화상 회의와
화상 수업으로 노출되는 공간의 소음 환경 개선을 위해, 새로운 가구와
독립적 공간 구성을 위한 물품들의 구매가 폭증했다. 실제로 이케아,
홈디포와 같은 가구 및 자재 산업 전반의 매출이 가파른 성장세를 보이기도
했다. 이케아코리아의 2020년 회계 연도(2019.9~2020.8) 매출의
오름세가 전년 대비 33% 증가한 것도 이러한 현상을 반영한 것이다. 집의
중요성이 주목받는 시대가 왔고, 이는 인테리어 산업의 불가피한 성장을
의미한다.

또한 집은 온 가족이 모이는 장소임과 동시에 가장 안전한 장소여야 한다는
책임감까지 가지게 됐다. 외부에서 집으로 들어오면서 가장 먼저 마주하는
공간은 현관이다. 이 공간에서 위생과 안전함이 지켜진다면 주거 공간
내부가 안전하게 지켜질 수 있다. 이를 반영한 평면의 변화가 현관의 클린
존이다. 최근 들어 현관에 단지 신발을 보관하는 장소를 넘어 클린 존의
역할을 추가하는 것이 트렌드화되고 있다. 외출 후 귀가하자마자 손을 씻을
수 있는 간단한 세면 공간과 욕실을 현관 가까이 배치하고, 손을 씻고 난
후 바로 옷을 갈아입을 수 있도록 드레스 룸 역시 현관 가까이 배치한다.
밖에서 먼지 등이 묻은 옷을 입은 채 거실을 거쳐 안방까지 가는 것이
아니라 현관 가까운 곳에 드레스 룸을 배치함으로써 동선에서 유해 물질이
발생할 수 있는 위험을 제거하고 안전성을 높이는 것이다. 또 현관과 내부
공간을 중문으로 다시 한번 나누고, 중문 바로 맞은편에 세탁실을 두어
현관 옆 드레스 룸에서 벗은 옷들을 멀리 움직이지 않고도 세탁이 가능한
구조를 만드는 경우도 있다. 이와 같이 외부 바이러스나 세균으로부터 나
자신은 물론이고 가족들도 지킬 수 있는 공간의 중요성이 높아지면서 여러
형태로 새롭게 발생한 공간이 인테리어에 반영되고 있다.

이케아 매출 증가로 본 인테리어 산업 전망

코로나19로 집에 머무는 시간이 늘어나면서 인테리어나 디자인에 대한 관심이 높아졌다.
이케아코리아의 2020년 회계 연도(2019.9~2020.8) 매출이 2019년 대비 대략 33% 증가한
것도 이러한 현상을 반영한 것이다.

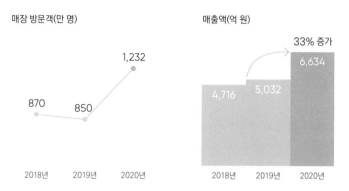

매장 방문객(만 명)

870   850   1,232

2018년 2019년 2020년

매출액(억 원)

33% 증가

4,716 5,032 6,634

2018년 2019년 2020년

안전과 위생이 고려된 집의 모습

현관 왼쪽에는 진공 흡입 장치가 신발장 내부에 설치되어 있고, 오른쪽에는 손을 씻을 수 있는
세면 공간이 있다. 현관에서 신발을 벗고 중문을 통해 내부로 들어서면 바로 오른쪽에 있는 의류
관리기에 외투를 벗어 걸어 놓는다. 침실과 거실에서 들어갈 수 있는 발코니 공간은 주거 공간에서
누릴 수 있는 위생과 안전이 확보된 외부 공간이다. 이렇게 외부 바이러스나 세균으로부터 가족의
건강을 지킬 수 있는 구조로 주거 공간이 바뀌어 가고 있다.

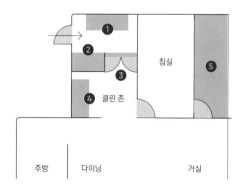

1. 진공 흡입 장치(에어 샤워)
2. 건식 세면대
3. 중문으로 내외부 2차 분리
4. 현관 옷장·의류 관리기
5. 발코니

2

Working Flexible Office

"2020년 코로나19가 전 세계로 퍼지던 시기에 저는 미국 캘리포니아에 위치한 건축 사무소에 근무하고 있었어요. 2020년 3월 19일 캘리포니아 주지사의 자택 대기(Stay at Home) 행정명령 공표는 제 삶을 송두리째 바꾸는 사건이 됐죠. 회사 내 건축 설계 업무는 재택근무로도 문제없었지만, 변수는 다른 데 있었어요. 고급 오피스를 개발해 온 할리우드 유명 연예 기획사가 얼굴을 마주하지 않은 채 진행되는 원격 회의의 한계상 의사 결정이 순조롭지 않자 결국 프로젝트 보류 선언을 하고 말았죠. 그 나비 효과는 저희 회사 직원의 50%를 감축하는 끔찍한 결과로 나타났어요. 회사는 공간을 재정비하고 남은 직원들의 자리도 서로 최대한 거리가 유지되도록 재배치했어요. 출근은 예약제로 필요한 경우에만 하고, 원격 회의의 리스크를 경험한 회사는 미팅 룸의 한쪽 벽면을 개방하고 안전한 거리를 확보할 수 있도록 리모델링했죠. 이런 노력에도 진행 중이던 프로젝트들이 연달아 보류 또는 취소됐고, 저도 결국 무급 휴직 통보를 받았어요. 동시에 코로나19 확산세는 점점 커지고 미국 내 의료 체계가 붕괴되는 상황에서 더 이상 미국에 있을 이유가 없었어요. 우리 가족의 안전과 경제라는 큰 삶의 기본적 토대가 흔들리고 있었으니까요."

Ryan, 41세, 건축가

집합은 곧 바이러스의 확산을 의미한다. 밀폐된 실내 공간은 더욱 위험하다.
여럿이 모여 일하는 실내 공간, 오피스에 경고등이 켜졌다.
닫힌 오피스를 대신할 독립된 업무 공간이 늘어나고, 안전을 위한 고민은
오피스에 첨단 기술을 결합하는 시도로 나타났다.

업무 공간의 분산과 확장이 만든 쾌적성과 안전성

원격 근무가 시작되면서 오피스는 어느 날 갑자기 텅 비었다. 오피스는 더 이상 모든 직원이 줄지어 출근하는 공간이 아니게 됐다. 비싼 임대료를 지불하며 도심 한복판에 있던 기업들은 재택근무의 실현 가능성을 강제로 실험하게 되었고, 사무실 면적을 축소하기 시작했다. *미국의 대표적인 금융 기업인 JP Morgan을 포함해 맨해튼 최대 세입자인 Morgan Stanley, Barclays 등의 기업들도 사무 공간을 축소하고 있다. 영국계 은행 기업인 Barclays의 CEO Jes Staley는 "앞으로 7,000명 이상의 직원들이 사무실로 출근하는 풍경은 보기 힘들어질 수 있다"는 말을 하기도 했다. 이러한 새로운 흐름에 대한 대응 방식은 기업의 유형과 직무에 따라 달라지기도 한다. 이전부터 원격 회의를 자주 해왔거나 독립적인 성향이 강한 문화를 가진 조직에서는 재택근무가 좀 더 수월하게 자리 잡았고, 사무실 축소 방침이나 영구 재택근무를 내세우는 회사들도 생겨났다.

줄어든 직원, 넓어진 오피스

코로나19로 인해 사무실 내 1인당 사용 면적이 넓어졌다. 또 거리 두기가 시행되면서 같은 공간을 사용하는 사람의 수가 줄어들고, 투명 스크린 등을 설치함으로써 안전성을 확보하는 기능이 추가되었다.

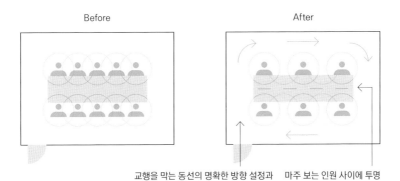

Before

After

교행을 막는 동선의 명확한 방향 설정과 좌석 사이의 간격 확보

마주 보는 인원 사이에 투명 스크린 등 가림막 설치

하지만 원격 회의에 익숙하지 않거나 조직 구성원 간 협업이 중요한
회사들은 업무 공간을 축소하는 대신 쾌적성과 안전성을 도입하는 이슈가
중요해졌다. 어느 날 갑자기 찾아온 원격 근무는 어떤 의미에서는 집 혹은
다른 장소로 업무 공간을 확장하게 만든 셈이고, 업무의 거점이 될 오피스
공간을 여유롭게 변화시켰다. 오피스 내 1인당 사용 면적이 확장되면서
기존 10인 회의실이 6인 회의실로, 책상을 포함한 직원 업무 공간 간격도
2m 이상 띄우게 되면서 안전성 확보가 곧 쾌적성 확보의 변화로 나타났다.

원격 근무로 인해 확장된 오피스 공간의 새로운 타입들

불확실한 근무 환경으로 인해 클라우드나 화상 시스템의 수요가
폭발적으로 늘었다. 일례로 대표적인 화상 회의 플랫폼인 Zoom의
주가는 570%의 상승률을 보이며, 2020년 9월을 기점으로 시가 총액이
IBM을 넘어섰다. 재택근무와 원격 회의에 익숙해졌지만, 긴밀한 협업이
중요한 업무도 여전히 존재했다. 상황에 대한 판단과 임기응변이 중요한
자리에서는 화상 회의의 한계가 분명히 드러났다. 이러한 회사들은 사무실
리모델링으로 안전을 확보하거나, 공유 오피스를 활용한 팀 단위 오피스를
마련해 집합 위험에 대처했다. 또 거주지 주변 분산 오피스를 도입해 원격
업무와 팀 협업을 동시에 해결하는 방안도 실험하게 되었다. 코로나19로
인해 공유 오피스는 신생 업무 공간 플랫폼이라는 틀에서 벗어나 팀 단위
위성 오피스라는 새로운 목적성을 갖게 되었고, 거주지 주변 분산 오피스
등 새로운 오피스 공간 문화가 탄생하는 계기가 되었다.
공유 오피스와 분산 오피스의 공간 디자인이 브랜드에 따라 각기 다른
컨셉과 아이덴티티를 반영하면서 사용자들이 선택할 수 있는 폭도
넓어졌다. 공유 오피스는 기업들이나 스타트업 회사 등 주로 소규모
회사들이 모여 사무 공간을 공유하고 네트워킹하는 개념으로 도심에
위치하는 경우가 많다. LG그룹의 공간 전문 서비스 기업인 S&I가 운영하는
공유 오피스, '플래그원'은 자유로움이나 편안함, 업무에 집중할 수 있는
하이브리드 형식의 공간 구축에 중점을 두고 있다. '베이스캠프'를 메인
컨셉으로 하여 업무 공간은 베이스 존으로, 라운지 바나 미팅 룸, 세미나실,
리프레시 등 자유롭게 소통하는 공간은 캠프 존으로 분류하여 프로그램에

코로나19 이후에도 증가세를 보이는 서울 공유 오피스 시장

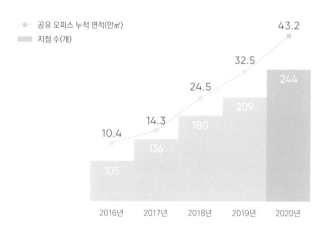

- 공유 오피스 누적 면적(만㎡)
- 지점 수(개)

	2016년	2017년	2018년	2019년	2020년
공유 오피스 누적 면적(만㎡)	10.4	14.3	24.5	32.5	43.2
지점 수(개)	105	136	180	209	244

_이투데이 2020.3.31

플래그원(FLAG ONE) 강남센터

따라 분위기를 다르게 연출한다. 분산 오피스는 먼 거리에 위치한 본사로 출근하는 대신 주거지와 가까운 곳에 마련된 업무 공간으로 출근하는 개념이다. '집 근처 사무실'이라는 뜻의 분산 오피스 '집무실'은 기존 공유 오피스의 소통, 회의 등을 위한 공간은 물론, 주거 지역에서 집이 아닌 다양한 업무 스타일에 최적화한 1인용 업무 공간을 제공하는 것을 목표로 한다. 이미 전문가들은 이러한 공유 오피스와 분산 오피스 시장이 성숙기에 접어들었다고 판단하지만, 업무 스타일이 빠르게 변화함에 따라 다양한 위치에 새로운 공간 구성과 차별화된 서비스로 어필하는 공유형 업무 공간이 더욱 증가할 수밖에 없을 것이라고 전망한다.

바이러스의 위협이 사라져도 오피스의 변화는 계속된다
2020년 12월, 미국·영국·캐나다에서는 코로나19 백신이 공급되기 시작했지만 전염병 전문가들은 코로나19 종식을 장담하기는 어렵다고 발표하며, 지구 온난화와 맞물려 또 다른 바이러스가 주기적으로 찾아올 수 있다고 경고했다. 따라서 많은 사람들이 모이는 업무 공간은 코로나19가 잠잠해지더라도 변화가 불가피하다. 오피스 공간의 안전이 확보되지 않는 이상 사람들은 불안 속에 출근해야 하고, 회사 입장에서도 환자 발생 시 입게 될 막대한 피해에 대응하기 어렵기 때문이다.
이에 따라 재택근무와 출근의 하이브리드 업무 방식이 새로운 대안으로 자리 잡을 것으로 보인다. 글로벌 건축 회사인 Gensler의 리서치 결과, 설문 응답자 중 52%가 재택근무와 출근의 하이브리드 업무 방식을 선호한다고 답했다. 하이브리드 업무 방식을 채택하는 회사의 비중이 높아진다고 예측했을 때, 사무실에 출입하는 사람의 수가 매일 일정하지 않을 것이고, 필요에 따라 출근하는 인원의 불특정한 출입 빈도가 높아질 것이다. 출입 인원의 패턴이 불특정해질수록 안전과 위생을 유지할 수 있는 장치와 기록이 중요해질 것이며, 건물의 모든 문턱에 안전장치를 마련하는 일이 중요해질 것이다. 결과적으로 건물 입구에 UV 터널을 설치하거나, 얼굴 인식 시스템을 활용한 엘리베이터나 회의실 출입 관리로 언택트 액세스와 출입 기록 관리 방안을 마련하는 등 안전한 오피스를 구축하기 위한 기술 융합 장치가 필요해질 것이다. 한편 오피스 내부에서는 직원 간 업무 공간의

거리 두기나 회의실 사용 인원 제한 등 방역을 위해 보다 여유로운 공간으로
변화하는 기회를 제공할 것이며, 공간이 넓어진 만큼 자연을 도입하거나
휴식 장소를 마련하는 등 업무 효율을 극대화할 수 있는 아이디어들이
등장할 것이다.

코로나19로부터의 위협이 종식되더라도 업무 방식과 공간은 변화할 수밖에
없을 것이고, 첨단 기술과 융합되고 여유로운 공간 사용을 통해 안전하고
쾌적한 공간, 좀 더 나은 공간으로 진화하지 못한 오피스 건물은 급변하는
시장 속에서 뒤처질 수밖에 없을 것이다.

재택근무+출근의 하이브리드 업무 문화 확산

미국 직장인의 52%는 코로나19 이후에도 재택근무와 출근의 하이브리드 업무 방식을 원한다고
응답했다. 구성원뿐만 아니라 재택근무가 업무 효율에 큰 영향력을 미치지 않는다는 것을 확인한
기업들 역시 2020년 구축한 원격 근무 시스템을 앞으로도 이어갈 확률이 높다. 즉, 앞으로 구성원
모두가 일주일 내내 회사에 모여 일하는 모습은 찾아보기 힘들 것이고, 이러한 변화는 오피스 공간
디자인에도 반영될 것으로 보인다.

29% 풀타임 통근	28% 1~2일 재택근무	24% 3~4일 재택근무	19% 풀타임 재택근무

52%의 미국 직장인들은
하이브리드 근무 형태를 선호함

UV Light Entrance

Face ID Access System

AI Meeting Device

Infra for Robot & Sensor

첨단 기술이 융합된 오피스 빌딩에서의 하루

첨단 기술이 융합된 오피스 빌딩에는 건물 입구에 UV 터널이 설치되고, 얼굴 인식 등을 활용한
출입 관리가 이루어져 이용자들의 안전과 위생을 챙긴다. 모든 출입 기록이 클라우드 서버에
기록되어 혹시 모를 감염 사태에도 빠른 대처가 자동적으로 이루어지도록 하고, 빌딩 내 이동을
최소화하기 위해 로봇이 택배나 문서를 업무 공간으로 배달해 준다. 회의는 원격으로 이루어지며,
알렉사와 같은 인공지능 비서가 회의록을 자동으로 생성해 준다.

3

Outing
Healing and
Leisure

"유학을 마치고 오랜만에 모인 가족들과 함께 해외여행을 준비하다 취소한 지 벌써
1년이 흘렀네요. 여러 지역에서 직장 생활과 유학 생활을 하는 가족들이 모두 모이는
연말연시 연휴 기간에는 종종 일본이나 가까운 아시아 국가로 여행을 가곤 했거든요.
2020년 말엔 괜찮을까 기대했는데, 결국 3차 코로나19가 심해져 해외 대신 국내
여행지를 찾아보기로 했죠. 12월 초쯤 검색을 시작했는데 강원도나 제주도, 남해
등지의 알려진 유명 호텔들은 벌써 예약이 끝났더라고요. 그럼 차라리 사람이 덜
모일 만한 곳에서 조용히 쉬고 오자 싶어 정선을 선택했어요. 웰니스 프로그램이
있는 리조트에 예약을 하고 다 같이 출발했죠. 가는 길에 재래시장에 들러 강원도
특산 음식도 먹고, 도시와는 다른 풍경의 거리를 걷다 보니 여행 기분이 나면서
즐거워졌어요. 호텔에 도착해 예약해 둔 요가 프로그램과 명상 프로그램을 체험한 일도
꽤 신선했어요. 무엇보다 방에 들어와 좋아하는 음악을 틀어두고 산이 보이는 창가
욕조에서 반신욕을 하고 있으니, 비행기 타고 캐리어 끌며 멀리 가는 여행보다 이런 게
진짜 힐링이구나 싶더라고요."

Chloe, 28세, 유학생

계속되는 집콕 생활에 사람들의 인내심은 한계에 다다르고 있다. 도심에서 열리던 각종 문화 행사와 축제도 모두 취소되고, 해외로 떠나기 어려운 상황. 집과 한정된 거리를 벗어나 마스크 없이 힐링할 수 있는 공간을 누리고 싶다는 심리가 확산 중이다.

Museum SAN Photo by Yeonung Nam

안전한 집 안에 있거나, 탁 트인 자연을 찾아 떠나거나

갑자기 찾아온 코로나19 팬데믹은 일과 여가의 행복한 균형을 깨트렸고, 정신적인 스트레스에 노출되는 기간을 길어지게 만들었다. 각 나라의 국경이 봉쇄되면서 전 세계 국제 항공 여객 수는 91%나 감소하였다. 축제로 들썩이던 봄이 코로나19 위기설로 어수선하게 지나간 후, 여름이 돌아왔지만 바이러스는 여전했다. '워라밸'이라는 말이 생길 만큼 라이프스타일에 대한 관심과 투자가 높아지고 있는 시대, 해외여행 길이 막히자 사람들은 새로운 대안을 찾기 시작했고, 휴가 시즌이 되자 하나둘 도시를 떠났다. 해외 대신 국내, 새로운 문화를 경험하는 목적보다는 답답한 집, 위험한 도시를 떠나 숲과 바다가 있는 탁 트인 자연을 찾는 여행이 대부분이었다. 자연 속에서의 힐링은 새로운 여행 트렌드가 되었고, 문전성시를 이루는 제주도의 대안으로 강원도와 전라도의 숨겨진 자연환경이 재발견되었다. 평일에 집에서만 갇혀 지내던 아이들은 들판과 해변에서 잠깐이나마 자유롭게 뛰어다니고, 아무도 없는 산속에서 가족끼리 캠핑을 하는 사람들도 많아졌다. 자연 속 힐링을 주제로 한 고급

Community Movement During the Pandemic_McKinsey & Company

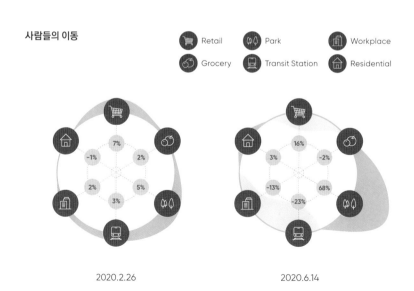

사람들의 이동

Retail　Park　Workplace
Grocery　Transit Station　Residential

2020.2.26   2020.6.14

41

호텔들과 리조트의 여행 상품은 모두 매진되었고, 국토교통부에 따르면
2020년 상반기 캠핑카로 개조한 차량은 지난해보다 287%가 늘었다.
아름다운 자연 경관을 지닌 국내 여행지는 많은 사람들에게 사랑받으며
힐링과 휴식의 장소라는 새로운 이름을 얻었다.

힐링할 수만 있다면 값비싼 럭셔리 호텔도 괜찮아

막히는 도로에서 시간을 보내는 것이 아까운 사람들의 시선을 사로잡은
것은 도심의 호텔들이다. 자연을 찾아 교외로 떠나는 캠핑과 여행도 좋지만,
좀 더 편리하고 휴식에만 포커스를 맞춘 소비자들에게는 '호캉스'라는
선택지가 더욱 매력적으로 다가왔다. 호텔들은 웰니스, 힐링, 아트,
유캉스(유아+바캉스) 등 다양한 컨셉의 패키지 상품들을 내놓기 시작했고,
일상에서 벗어나 도시에서 안전한 휴식을 원하던 소비자들은 도심에 위치한
럭셔리 호텔에 몰려들었다. 코로나19로 국내 여행 업계가 불황을 예측하고
있을 때, 럭셔리한 시설을 갖춘 특급 호텔들은 매출을 빠르게 회복했고,
국내에서 숙박비가 가장 높은 축에 드는 시그니엘 서울은 주말마다 만실을
기록할 정도로 사람이 몰렸다. 트렌디한 라이프스타일을 내세우는 호텔도
인기를 끌었다. 서울 이태원에 위치한 몬드리안 호텔 등은 코로나19 사태
속에서 오픈하기도 했다. 해외여행이 불가능해지면서 그 대안으로 럭셔리
호텔을 선호하는 경향은 점차 뚜렷해졌다. 2020년 7월 집계된 스위트 객실
예약률이 일반 객실 예약률보다 높게 나타난 점은 가성비보다 가심비가
소비자들의 지갑을 열게 했음을 단적으로 보여준다. 숙박은 하지 않지만
럭셔리 호텔의 수영장과 레스토랑 등 부대시설을 이용할 수 있는 '반나절
패키지'와 같은 상품은 타인과의 접촉은 줄이면서 짧은 휴식과 일상 속
힐링을 원하는 소비자의 니즈를 충족시킨 대표적인 사례라 할 수 있다.

럭셔리 관광 증가 전망(2025년 예측)

전 세계 럭셔리 관광 성장률	세계 관광 시장 성장률
6.2%	4.8%

럭셔리 객실 선호도 증가 전망(2020년 7~8월)

성수기 스위트 객실 예약률	성수기 일반 객실 예약률
95%	80%

(왼쪽) Tourism Economics
(오른쪽) 한화리조트

여가와 생활이 함께 되는 교외 주거의 가능성

지난 20년간 도시화와 도심 생활에 대한 니즈가 늘어난 미국은 주거 형태에
대한 가치 기준이 전통적인 교외(Suburban)에서 도시(Urban) 중심 주거로
변화해 왔다. 그러나 2020년 코로나19로 인해 재택근무가 활성화되고
원격 근무의 영구 도입을 검토하는 회사들이 늘어나면서 사람들은
출퇴근 시간을 줄이기 위해 대중교통이 편리하지만 복잡한 도심에서 계속
살아야 하는지에 대해 고민하기 시작했다. 미국의 경우에는 벌써 교외를
중심으로 한 라이프스타일이 다시 돌아오고 있다. 실례로 재택근무가
바꾼 라이프스타일과 최저 수준의 모기지 이자율은 엘에이카운티 옆 산
버나디노와 온타리오 카운티의 집값을 사상 최고치로 만들었다. 집에서
대부분의 시간을 보내야 하는 현 상황에서는 여가와 생활을 한번에 즐길
수 있는 교외 주거가 여러모로 합리적이라는 판단 때문이다. 주말에
시간을 내어 자연을 찾아가는 것이 아닌, 교외의 쾌적한 환경에서 살면서
온라인으로 업무와 교육의 혜택을 충분히 누릴 수 있는 라이프스타일이
주목받고 있는 셈이다. 일부러 찾아가야 했던 '자연과 힐링'을 일상의
일부로 들이는 라이프스타일로 진화하고 있는 것이다. 한국 역시 끊임없이
오르는 주택 가격과 '주 4일 근무제'의 시행 논의가 맞물려 교외와 지방으로
거주지를 옮기는 움직임이 늘어날 가능성을 보여주고 있다.

코로나19 이후 상승세를 보이는 미국 교외 지역의 주택 가격

도심 주거 중심의 라이프스타일에서 자연과 가까운 교외형 라이프스타일로 변하고 있는 미국의
상황은 한국에도 여러 시사점을 던지고 있다.

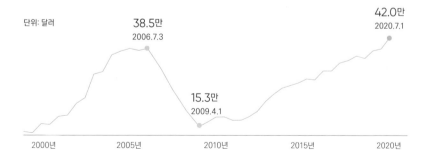

단위: 달러

38.5만
2006.7.3

42.0만
2020.7.1

15.3만
2009.4.1

2000년　　　2005년　　　2010년　　　2015년　　　2020년

California Association of Realtors

45

4

Buying Hybrid Consumption

"어느덧 4년 차 직장인이 된 제 직장 생활 원동력은 매년 친구들과 함께 가는 해외여행이죠. 1년 차엔 일본, 2년 차에는 베트남, 3년 차인 2020년엔 괌으로 여행지를 정하고 설렜었죠. 그런데 생각지 못한 코로나19가 터져 여행은커녕 친구들을 만나는 평범한 일조차 어려워졌어요. 처음엔 친구들과 톡이나 영상으로 집콕 생활을 한탄하거나 과거에 갔던 여행지 사진을 주고받으며 추억을 나누는 게 일상이었죠. 그런데 시간이 흐르자 각자 여행 경비로 모아둔 돈으로 뭘 살까 하는 행복한 고민을 하기 시작했어요. 어떤 친구는 갖고 싶었던 카메라를 산다고 하고, 또 한 친구는 한 번쯤 해보고 싶었던 제주도 한 달 살이를 하러 간다고 하고, 여행사에 다니던 친구는 퇴직금으로 늘 살까 말까 망설이던 명품 가방을 지를 거래요. 꽤 괜찮은 생각인 것 같더라고요. 나는 날 위해 뭘 선물할까? 여행 떠나기 전날처럼 매일 설레는 중이에요."

Mirae, 29세, 직장인

퇴근길에 마트나 드러그스토어에 들러 쇼핑하던 일상의 소소한 즐거움, 소확행 대신 굵직한 소비가 늘어나고 있다. 커피 한 잔, 맥주 한 잔 함께할 지인과의 만남이 줄고 지출 목록에서 여행비가 사라지며 통장에 잔고가 쌓이기 시작하면서부터. 강제로 커진 가처분 소득의 도착지는 명품이나 경험을 향유하는 것. 나를 위한 컨텐츠로 돈이 몰리고 있다.

이제 특별한 목적 없는 일상 소비는 온라인으로 해결한다

코로나19 이후 가장 무서운 일은 낯선 사람과의 만남이었다. 어떤 경로에서 온 누군지 모를 사람과 접촉해 나는 물론이고 내 가족과 동료가 치료제 없는 바이러스에 걸리게 할 수 있다는 두려움이 우리의 동선을 좁게 만들었다. 두려움은 재택근무와 원격 근무를 비롯해 배달 서비스에 익숙하게 만들었다. 미국에선 아마존, 한국에선 쿠팡이 우리의 일상 소비를 지탱해 주었다. 아마존프라임은 이틀 안에 필요한 물건을 배달해 주고, 쿠팡은 하루 만에 배달해 주니 두려움을 무릅쓰고 쇼핑몰에 갈 필요가 전혀 없어졌다. 아마존은 Whole Foods라는 식품 매장과 손잡고 모든 식료품을 배달해 주고, 한국의 새벽 배송 업체들은 밤 11시 전에만 주문하면 다음 날 아침 6시에 배달을 해주기 시작했다. 매일 요리하는 일이 귀찮아질 때쯤 미국에는 Postmates와 Uber Eats가 유명 식당의 음식을 빠르게 배달해 줬고, 한국인들은 이미 오래전부터 '배달의 민족'이었다. 한국의 누군가가 만든 '언택트'라는 단어가 여기저기 새로운 신조어를 낳고, 이 모든 걸 '언택트 유통'이라는 카테고리로 합해 보면, 대구의 경우 코로나19로 앓고 있던 한 달간 언택트 소비량이 무려 87%가 증가했다. 편해도 너무 편한 언택트 유통을 경험해 본 사람들은 이제 특별한 목적이 없는 일상 소비는 온라인에서 해결한다. 코로나19와 기술 기반 배달 서비스의 결합은 일상 소비의 모습을 크게 바꾸어 놓았고, 이 같은 현상에 발빠르게 대처한 공유 주방 등 새로운 공간 플랫폼의 출현으로 이어졌다.

언택트 시대의 유통 트렌드 (2019년 대비)

일용 소비재 시장 전체 구매액 성장률	온라인 채널 성장률	오프라인 채널 성장률
14.4%	33.7%	8.2%

나가지 못해 쌓인 소득의 출구가 되고 있는 이미지 소비

팬데믹 선포 후 웬만한 일상 소비는 배달로 해결하는 소비 패턴이 뉴 노멀이
되었다. 음식 재료며 자잘한 소품이나 화장품 등을 사러 굳이 나갈 필요가
없어졌다. 편하긴 하지만 집에만 있으려니 좀이 쑤신다. 날짜를 헤아리고
장소를 골라가며 드디어 외출 계획을 세우다 보면 나를 위한 가방 하나
제대로 된 게 없다는 생각이 든다. 평소 커피숍이나 맛집에서 쓰던 소소한
소비가 없어지니 가처분 소득은 쌓여가고 그 돈으로 나를 위한 특별한
뭔가를 쇼핑하자는 생각이 늘어났다. 이러한 이유로 코로나19 시대에
명품 소비는 늘어나기 시작했다. *실제로 코로나19 이후 명품 매장 매출은
20%나 증가했다. 명품을 소비한 이들의 다음 목적지는 소셜 미디어에서
봤던 예쁜 브랜치 카페와 트렌디한 갤러리 카페다. 이미지와 스토리가
확실한 곳들을 차례대로 방문하고 그날 산 신상 가방을 들고 찍은 사진을
소셜 미디어에 공유한다. 억눌렸던 소비 욕구를 명품이나 특별한 경험에
보복하듯 분출하는 현상이 흔해졌다. 마치 정해진 소비량이 소수의
선택지로 몰리는 **풍선 효과(Balloon Effect)를 보이고 있는 것이다.

목적과 컨텐츠가 확실해야 살아남는
Ultra-omni Channel Consumption 시대

이제 웬만한 일상 소비는 배달로 해결하는 게 상식이 됐고, 전보다 여유가
생긴 가처분 소득은 갖고 싶던 물건을 사는 데 사용한다. 가끔 찾아오는
외출의 기회가 오면 꼭 가보고 싶었던 곳을 선택해 방문하고, 줄을 길게
서지 않기 위해 예약할 수 있는 곳은 예약을 통해 방문하게 되었다.
사람들은 더 이상 발품 팔며 갈 곳을 찾지 않는다. 갈 곳만 가고 예약하는
문화가 정착되고 있다. 매대를 탐색하지 않고, 보물찾기는 온라인에서
하며, 사는 물건이 가진 이미지가 확실할 때만 소비한다. 기술의 발달과
세대의 변화라는 시대의 흐름 속에 코로나19가 겹치면서 목적이 확실하고
컨텐츠가 확실한 곳만 살아남는 격차의 시대, Ultra-omni Channel
Consumption의 시대가 예상보다 빨리 찾아왔다.

* '코로나19가 뭐야?' 근데한 '명품 블페'_시사저널 2020.7.15
** 풍선 효과: 어떤 현상을 억제하자 다른 현상이 불거져 나오는 현상

코로나19 이후 증가한 명품 소비

억눌렸던 소비 욕구를 한꺼번에 폭발하는
복구 소비, 자신의 경험을 위해 소비하는
경험 중심의 소비가 증가세를 보이고 있다.

백화점 3사
명품 매출액 +20%

티파니 카페_Photo by Junchul Choi

나만의 명확한 목적성을 따라 이동하는
Ultra-omni Channel Consumption

Before 2020	After 2020
Omni Channel	Ultra-omni Channel
Offline to Online	Online to Offline
Global	Local
Instant Gratification	Long Term Outlook
Unique + Memorable	Safe + Convenient
Communal	Modular
Sharing	Private
Sensorial	Touchless

5

Moving
The Future
Mobility

"매일 경기도 일산에서 서울로 1시간 30분씩 출퇴근하는 일은 좀처럼 익숙해지지 않는 고통이에요. 특히 금요일 퇴근길은 2시간 넘게 걸리기도 하거든요. 차 안에 혼자 앉아 막히는 차량들을 보고 있으면 '이 시간이면 강원도 양양에도 가겠다' 싶어 짜증이 솟구치죠. 동작대교부터 밀리기 시작하던 어느 날, 적어도 성산대교까지는 교통 체증이 풀릴 것 같지 않아 넷플릭스를 틀고 드라마를 보기 시작했는데, 1화 끝나고 다음 화 중간쯤 되어서야 도로 상황이 나아지더라고요. 다음 날도 밀리기에 아예 2화를 틀어 보기 시작했죠. 그렇게 하루이틀 지나다 보니 오히려 평소 보고 싶던 드라마를 즐길 수 있는 유일한 'Me-time'이 생긴 것 같아 좋더라고요. 퇴근 후와 주말엔 아이들과 보내는 시간이 많다 보니 아무래도 저만의 시간을 챙길 여유가 없거든요. 이제는 거의 루틴이죠. 사람 마음이 간사한 게 이젠 차가 막히지 않으면 아쉽기까지 하다니까요. 인천 송도에서 서울로 출퇴근하는 회사 동료 브랜든에게 이 이야기를 했더니 아쉬워지는 그 포인트가 뭔지 공감하더라고요. 심지어 본인 차는 반자율 주행이라 핸들에 손만 걸친 채 편안히 본다고 자랑처럼 이야기하는데, 순간 차 바꿀 뻔했지 뭐예요!"

Paul, 38세, 프로그래머

미래 모빌리티의 변화가 가시화되고 있다. 이동 수단에서 엔터테인먼트 공간으로, 생산 활동과 완전한 휴식을 취할 수 있는 사무실이자 집으로 진화 중이다. 또한 온라인 유통 물류의 폭발적 증가는 미래 물류 모빌리티 인프라의 필요성을 앞당기고 있다. 오토바이, 킥보드 등 라스트마일 모빌리티를 위한 교통 인프라, 더 나아가 전기차와 수소차 충전소와 드론 환승 터미널이 구축된 새로운 도심의 모습을 만날 날이 점점 가까워지고 있다.

우리는 자동차에서 미래를 경험하고 있다

코로나19로 인해 근접 거리에서 여러 명과 함께 이용할 수밖에 없는 대중교통에 대한 두려움이 커지면서 국내 자동차 판매량이 늘어나는 현상을 보였다. 한창 떠오르던 차량 공유보다 차량 소유에 대한 니즈가 다시 높아진 것이다. 국내 자동차 시장 1위 현대기아차는 막대한 자금력으로 앞으로의 10년을 준비하고 있다. 드론 운송부터 전기자동차, 수소자동차, 자율 주행까지 여러 기술이 융합된, 미래를 상상할 수 있는 홍보물이 쏟아져 나오고 있다. 코로나19 이전에도 미래 자동차 시장을 견인할 전기차에 대한 시장의 관심은 높았다. 우선 당장이라도 구입할 수 있는 접근성 높은 미래 기술이기도 하고, 기후 변화 이슈에 대응할 수 있는 방법이기 때문이다. 테슬라는 오토 파일럿(자율 주행 시스템) 기능과 소프트웨어 업데이트로 차량을 업그레이드하는 특장점을 무기로 전기차 시장을 지배하기 시작했다. 테슬라의 CEO 일론 머스크는 2020년에서 2021년으로 넘어가는 한나절 동안 세계 최대 부자가 되었다. 테슬라는 앞으로 오토 파일럿 기능을 넘어서는 자율 주행(FSD) 구독 서비스 출시 계획도 발표했다. 기존의 FSD 서비스로 테슬라의 오토 파일럿을 사용하면 사용자는 1만 달러를 지불해야 한다. 하지만 FSD 구독 서비스가 출시되면 1만 달러의 부담 없이 매달 일정 금액을 결제하는 구독 서비스를 사용할 수 있다.

움직이는 컴퓨터이자 거실이 될 미래의 자동차는 앞으로 완전히 새로운 경험을 안겨줄 것이다. 출퇴근길 도로에 버리는 지루한 순간이 아닌 온전히 누리는 개인의 시간이자 다양한 생산적 활동이 일어나는 시간이 될 것이고, 고객 경험이 확장되는 기회가 될 것이다. 실제로 지난 10년간 246조 700억 원이라는 금액이 미래 모빌리티에 투자되었다. 조만간 우리는 자동차에서 확연하게 가까워진 미래를 가장 먼저 경험하게 될 것이다.

급증한 물류, 라스트마일 모빌리티를 위한 도시 인프라 구축 과제

코로나19 여파로 국제 여행객이 90% 이상 줄어버린 항공업계는 물류 운송이라는 돌파구를 찾으며 흑자 전환에 성공했다. 물류가 모빌리티의 중요한 한 축을 담당하고 있다는 이야기이다. 일상과 가까운 곳에선 이미

지난 3년 사이 배달 플랫폼에 등록된 업체가 35배 늘었고, 코로나19 이후 배달 서비스 이용이 급증하면서 일 년 사이 배달원 취업자가 8% 가까이 증가했다. 어느새 늘어난 전동 킥보드도 배송 수단에 추가되었고, 이용량은 지난 3년 사이 40배가 증가했다. 한국 이커머스의 선두 주자 쿠팡 또한 택배업에 진출하면서 3자 배송 서비스의 이용량은 더욱 늘어날 전망이다. 글로벌 시장의 퍼스트마일 및 라스트마일 예측을 보면 2026년까지 다양한 차량 유형의 배송이 꾸준히 증가하는 것을 볼 수 있다. 대형차의 증가 폭은 낮은 데 비해 오토바이와 경차의 증가 폭은 비교적 높은 편이다. 이러한 현상과 맞물려 오토바이 교통사고는 일 년 사이에 5.9% 늘었고 사망자 수는 13% 증가했으며, 전동 킥보드 사고는 일 년 사이에 135% 증가했다. 이는 차량 종류에 따라 분리된 도시 교통 인프라 구축의 필요성을 시사한다. 또한 도시 외곽과 배송지 사이에 도심형 물류 허브가 구축되어야 늘어난 배송량을 효율적으로 소화할 수 있을 것이다.

글로벌 라스트마일 모빌리티 성장세

다양한 종류의 운송 수단을 이용하는 라스트마일 배달은 앞으로도 계속 증가할 것으로 보인다. 이러한 증가세를 고려하였을 때 라스트마일 모빌리티를 위한 도시 인프라 구축이 필요하다.

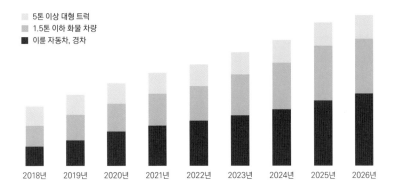

5톤 이상 대형 트럭
1.5톤 이하 화물 차량
이륜 자동차, 경차

2018년 2019년 2020년 2021년 2022년 2023년 2024년 2025년 2026년

Maximize Market Research PVT. LTD.

미래 도시의 일부가 될 모빌리티 허브와 물류 허브

더 이상 안전을 이유로 대중교통이 자동차를 대신하지 못하게 되면서
자동차의 이용 편의를 고려한 환경 구축과 미래형 모빌리티 허브와 미래
도심형 물류 허브의 출현이 필연적인 상황이다. 드라이브 스루의 이용 역시
지금보다 증가할 전망이다. 제공되는 서비스에 자동차를 직접 연결함으로써
개인 안전이 지켜지는 드라이브 스루의 가능성은 한국이 도입한 뒤 세계가
벤치마킹한 코로나19 드라이브 스루 검사로 증명되었다. 기존에 드라이브
스루 시스템을 사용하고 있던 패스트푸드점, 프랜차이즈 카페의 이동
데이터를 분석한 보고서에 의하면 코로나19 발생 이후 이용량이 70%
증가하였다.

가까운 미래로 눈길을 옮겨보면 늘어나는 전기차와 수소차의 충전
인프라이자 도심 물류 운송 허브 역할을 담당하게 될 프로젝트들이 진행되고
있다. 2020년 1월, 현대자동차는 도심 항공 모빌리티와 목적 기반 지상
모빌리티가 만나는 모빌리티 환승 거점이라는 미래 모빌리티의 비전을
선보였고, 2021년 6월 GS칼텍스는 산업통상자원부, 한국전자통신연구원과
함께 드론 활용 언택트 유통 물류 배송 시스템 상용화에 대한 실증을
마쳤다. GS칼텍스는 실증을 통해 전국에 있는 GS칼텍스가 유통 물류 배송
시스템 허브로 상용화될 경우 기술 물류의 드론 배송 신뢰도를 98%까지
볼 수 있다는 입장이다. 모빌리티 중심의 미래 환경 구축은 여전히 현재
진행형이고, 수많은 융합 기술의 가능성이 광범위하게 열려 있다.

드론 활용 유통 물류 배송 시스템_GS칼텍스

쿠팡 로켓배송센터 6년에 걸쳐 6배 확대(개소)

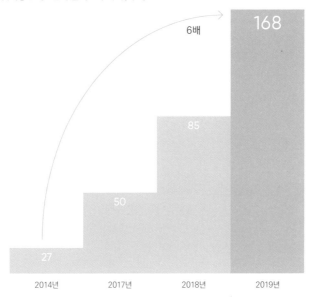

6배

168

85

50

27

2014년 2017년 2018년 2019년

쿠팡 로켓배송센터 확대로 10분 안에 배송할 수 있는 소비자 13배 증가
(시속 60km 기준)

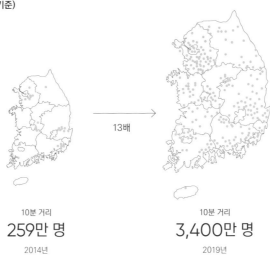

13배

10분 거리
259만 명
2014년

10분 거리
3,400만 명
2019년

쿠팡의 물류 투자_NAVER 포스트 쿠팡 스토리 2020.4.14

6

Surviving
The Better
Environment

"1980년대 말 일명 아톰 사원으로 삼성에 취직해 여러 해외 지사에서 오래 근무를 했죠. 3년 전 은퇴하면서 대학에 진학한 아이들은 남고 저와 아내는 한국으로 돌아왔어요. 감나무 밭이 있는 전원주택을 구입해 인생 후반전을 시작할 계획이었거든요. 농사 첫해, 1년간 애써 키운 감을 수확하는데 동네 사람들이 이상 고온 현상으로 꽃이 빨리 개화한 데다 4월 초엔 저온에 노출된 감이라 상품 가치가 없다고 하더라고요. 더 이상 이 지역은 감 농사에 적합한 곳이 아니라는 말도 들었죠. 고생한 시간이 허탈했지만, 이대로 물러설 수 있나요? 감나무는 한두 그루만 남기고 따뜻한 지역에서 자라는 유자나무를 심었더니 성공적이었어요. 기후 변화로 고온 현상이 계속되고 있는 중이라 내년부터는 제주도에서 자라는 천혜향에 도전해 볼 생각이에요."

Michael, 65세, 귀농인

'공기처럼'이라고 표현할 때 우리는 당연히 곁에 있는 무언가를 떠올린다. 인간을 숨 쉬고 움직이고 사고하게
만드는 근원이지만, 너무 당연해서 미처 그 소중함을 깨닫지 못하는 존재나 물질 말이다. 코로나19는
이 공기의 소중함, 기후 변화의 위기를 더 이상 미룰 수 없는 당면한 과제로 받아들이게 하는 계기가 됐다.
일부 환경 단체의 캠페인이 아닌 기업과 각 국가의 존폐와 연계한 생존의 문제로 자리 잡은 것이다.

코로나19 이후에도 인류는 기후 변화라는 더 큰 도전 과제에 당면해 있다

2016년 리우데자네이루 올림픽은 지카 바이러스를 두려워한 세계 스포츠 스타들이 불참을 선언하면서 전 세계인의 축제라는 명성에 흠집이 갔고, 2020년 도쿄에서 열릴 예정이었던 올림픽은 코로나19로 연기된 상태이다. 2021년에 다소 무리한 개막을 한다고 해도 리우데자네이루 때보다 상황은 더 심각하다. WHO는 21세기를 전염병의 시대라고 규정한다. 최근 가장 이슈가 된 코로나19 바이러스뿐만 아니라 사스, 메르스 등 다양한 바이러스가 이미 등장했고, 앞으로도 수십만 개의 바이러스가 밀려올 것이라고 전문가들은 예측하고 있다. 다양한 바이러스의 갑작스런 유행은 급격한 기후 변화와 그 궤를 함께한다는 지적이 있다. 최재천 이화여대 석좌교수는 기후 지역 간 생태의 이동 또는 기후 변화로 인해 빙하에 갇혀 있던 고대 바이러스의 재발현 등이 바이러스의 원인이며, 지구 온난화로부터 시작된 나비 효과일 것이라고 했다. 또한 *미국 하버드대 연구팀이 발표한 자료를 보면 미세 먼지 오염도와 코로나19 사망률의 연관성이 높다는 연구 결과도 있다. 프랜체스카 도미니치 하버드대 보건대학원 교수 연구팀은 미국 전 지역을 대상으로 조사한 결과, 장기간 미세 먼지 농도가 $1\mu g/m^3$ 증가할 때마다 코로나19 사망률은 11%(95% 신뢰도, 범위 6~17%)가 증가한다고 결론지었다. 전염성이 강한 바이러스가 나타나기 전부터 수많은 환경 오염에 노출되었던 인류는 이미 면역력과 신체의 기능이 약해져 질병이 발생했을 때 더욱 취약해진다는 것이다. 이러한 연구 결과는 코로나19가 완전히 종식된다고 해도 환경 오염과 기후 변화라는 더 큰 도전 과제가 기다리고 있음을 예고한다. 이 오랫동안 쌓인 과제를 해결하지 않으면 코로나19와 비슷한 질병이 우리의 삶을 좀 더 자주, 오래도록 괴롭힐 것이다.

기후 변화는 보편적 가치를 넘어선 현실로 다가올 경제의 문제이다

기후 변화는 사실 코로나19 이전부터 꾸준히 제기되어 온 이슈다. 2020년 초 코로나19가 전 세계를 강타하기 전 가장 큰 뉴스는 호주 전역에 걸쳐 19만 km²를 태운, 유례없는 큰 산불이었다. 당시 전문가들은 기후 변화로 인한 고온 건조한 여름 날씨 탓에 땅과 숲이 메말라 일어난 재해라고 분석했다.

실제로 2000년 이후 20년간 일어난 기후와 연관된 재해는 1980년부터 1999년까지 일어난 기후와 연관된 재해보다 82.7% 증가했고, 이는 천문학적인 경제적 손실을 초래했다. 이에 세계의 195개 국가는 2015년 파리협정 체결을 통해 기후 변화가 인류 생존의 문제임을 통감했으며, 현재 탄소 배출의 87%에 달하는 200여 개 국가가 협정을 이행 중이다. 더 나아가 2020년 초 EU에서는 탄소 국경세를 도입하겠다고 발표했으며, 한국은 유럽과 같은 목표 연도인 2050년까지 탄소 중립을 이행하겠다고 선언했다. 이는 환경이 경제 단위화된 세계에서 우리의 모든 경제 활동이 환경 문제와 직간접적으로 연관되어 있음을 의미한다. 기후 변화로 인한 자연재해와 바이러스 피해를 최소화하는 안전의 문제를 넘어, 건설 현장을 포함한 모든 생산 활동의 중심에 위치한 경제적 생존의 문제라는 뜻이다. 미국 뉴욕 타임스는 2020년 연말 작성한 기사에서 코로나19와 경제 혼란, 사회적 격변 등 2020년 전 세계를 관통한 사건 모두가 결국 '기후 변화'에 의한 문제였다는 다소 충격적인 분석을 내놓기도 했다. 이제 글로벌 기업과 국가들의 정책과 경영 방침은 더욱더 친환경에 포커스가 맞춰질 것이다. 미국과 유럽 그리고 한국도 그린 뉴딜 정책을 펼치면서 친환경 관련 기업들의 가치가 빠르게 상승하고 있다. 2020년 12월 친환경 종목의 각 분야별 주가 상승률이 40% 중반대에서 높게는 60%까지 상승한 것에서 이를 짐작할 수 있다. 이제 친환경과 지속 가능성은 환경보호 단체의 구호가 아닌 경제의 중심이다.

빠르게 상승하는 친환경 기업의 가치

환경은 야생 동물 보호나 숲을 지켜야 한다는 인문학적 영역을 넘어 미래의 부를 창출할 경제적 대상이다. 탄소 배출권과 친환경 관련 기술 경쟁력을 지닌 기업은 앞으로 더 큰 폭의 성장세를 나타낼 것이다.

친환경 종목의 주가 상승률(2020.12.8~2021.1.8 기준)

태양광 에너지	풍력 에너지
47.11%_OCI	48.30%_씨에스윈드
26.04%_KCC	25.54%_씨에스베어링
수소 에너지	2차 전지
59.80%_뉴인텍	60.79%_SK 이노베이션
27.10%_두산퓨얼셀	33.60%_삼성 SDI

67

건강한 미래, 건강한 공간의 기준

2020년 코로나19로 전 세계가 고통받기 시작하자 인류는 일시 정지했다. 그와 동시에 환경이 복구되는 역설적인 경험을 하게 되었다. 세계의 공장이 잠시 멈추고 미세 먼지 걱정 없는 봄을 맞이하자 "코로나19가 좋은 면도 있다"는 농담이 오갈 정도였다. 팬데믹이 선언되고, 질병의 확산이 두려웠던 인도 정부는 강도 높은 봉쇄령을 선포했다. 나라가 멈춘 지 15일째 되던 날, 인도 북부의 한 도시에서는 맑은 하늘과 함께 멀리 히말라야 산맥이 보이기 시작했다. CNN에 따르면, 이 도시에서 히말라야를 육안으로 볼 수 있게 된 것은 30년 만에 일어난 일이다. 세계 사람들이 찾아 오르는 그림 같은 산을 앞에 두고도 보지 못하고 살고 있다가 발견한 일이니, 그 도시의

주민들 입장에서는 기가 찰 노릇이었을 것이다. 인도뿐 아니라 미국 항공우주국(NASA)이 공개한 위성 사진을 보면 코로나19로 세계가 멈춘 이후 중국의 대기 오염은 급격히 줄어들었다. 코로나19로 인해 당면한 질병만큼 기후 문제가 우리의 일상에 큰 영향을 끼치고 있었음을 깨닫는 계기가 됐다. 우리가 그 영향력을 느끼는 만큼 우리를 소비자로 둔 기업들은 ESG(환경, 사회 책임, 지배 구조) 경영을 선언하고, 세계 각국 정부는 그린 뉴딜 사업으로 친환경 산업을 육성하고, 투자사들은 ESG 투자 강화를 외치고 있다. 이제 환경은 당연히 주어진 권리가 아닌, 건강한 미래와 미래 공간의 기준이 되어줄 핵심 화두가 될 것이다.

2020년, 우리가 당연하게 누리던 공간과 시간의 자유를 잃어버리게 한 코로나19 팬데믹을 겪으면서 우리는 거꾸로 공간과 시간의 자유를 찾아서 이동하는 것이 사람의 본능이라는 것을 깨달았다. 집이라는 공간에서 더 많은 일상의 일들을 처리하긴 했지만, 가고 싶은 장소를 찾아내고 이동해서 반가운 조우를 하고 소비했다.

1. Living_Home

라이프스타일이 가장 많이 반영되는 곳은 주거 공간이다. 재택근무와 원격 교육이 늘어나면서 집은 업무와 교육, 휴식이 동시에 일어나는 복합적인 공간이면서도 독립성을 필요로 하는 공간으로 변화했다. 이를 뒷받침해 주는 첨단 통신 테크놀로지나 전자 기기도 주거 공간에서 큰 자리를 차지하고 있다. 이러한 공간의 변화는 새로운 인테리어나 리모델링의 수요로 이어지고, 자연과 식물을 주거 공간에 도입하여 쾌적한 환경을 만들고자 하는 트렌드로 나타나고 있다.

기존

Eating

Sleeping

∨

공간의 변화

Eating	Sleeping
Working	Educating
Balcony	

∨

공간의 분산/이동

City →
Suburban

주거 공간은 단순히 먹고 자는 기능에서 업무 공간과 교육 공간이 복합된 공간이 되었고, 안전을 위해 실외 공간과 가까워져야 하는 공간이 되었다. 더 나아가 이제는 아예 교외에서 재택근무를 하는 수요가 생기고 있다.

공간을 계획할 때부터 안전하게 만나고 시간을 보낼 수 있는 장소를 만든다면 사람들이 좀 더 기꺼이 자신들의 시간을 투자해 이동하고 소비할 수 있지 않을까. 이제 낯이 익을 만도 한 코로나19의 일상 속에서, 집·사무실·여가 패턴·소비 패턴·모빌리티·환경의 측면에서 감지된 변화를 통해 앞으로의 변화를 예상해 본다.

2. Working_Office

오피스는 점차 전 직원이
출근하여 풀타임으로 근무하는
공간이란 의미에서 벗어나고 있다.
라이프스타일의 진화와 세대적
특성 그리고 코로나19를 계기로
경험하게 된 재택근무는 업무 공간에
큰 변화를 가져올 것으로 예상된다.
안전함이 확보되고 시간과 인원의
변화에 대응 가능한 공간의 유연성과
모듈화를 중심으로 화상 회의
시스템을 위한 통신 테크놀러지와
첨단 기술들이 융합된 공간으로
변화할 것이다.

기존

Working Place

Meeting Room

공간의 변화

공간의 분산/이동

City

Suburban

효율성이 최대 가치였던 업무 공간은 안전을
위해 재배치되고 1인당 면적이 확장되었다. 원격
근무가 일상화되면서 주거지 주변 분산 오피스
등 새로운 업무 공간이 나타나기 시작했다.

3. Outing_Leisure

여행과 레저 생활의 트렌드가 바뀌고
있다. 자연이 가장 안전한 장소라는
인식이 자리 잡으면서 사람들은 이제
자연으로 떠나거나 자연을 담은
컨텐츠가 있는 곳으로 움직인다.
도시를 떠나 맑은 공기와 함께 힐링을
할 수 있는 곳이거나, 아주 가까운
도심에서 자연적인 컨텐츠나 친환경
아이템을 즐길 수 있는 럭셔리
호텔이 새로운 여행과 레저 장소로
각광받고 있다. 아주 안전하거나 아주
럭셔리하거나 아주 자연적인 것들에
대한 수요가 증가할 것이다.

해외에서

국내로

자연으로

코로나19로 하늘길이 막히자 사람들은 국내
여행지로 발길을 돌렸다. 그중에서도 거리가
확보되고 힐링할 수 있는 자연을 찾아 떠나는
움직임이 가장 활발하게 일어나고 있다.

4. Buying_Consumption

소비의 패턴은 가장 즉각적으로 사회의 변화를 반영하는 거울이기도 하다. 코로나19로 인해 일상 소비의 패턴이 '안전'과 '편리함'에 집중되었고 온라인 소비가 폭발적으로 일어났다. 코로나19 이후에도 안전과 편리함에 대한 본질적인 니즈는 지속될 것이며, 명품과 럭셔리와 관련된 '이미지 소비'의 특징도 나타나고 있다. 자신이 원하는 바를 확실히 알고, 자신의 취향을 반영한 맞춤형 상품에 관심을 보이는 소비자들이 점점 늘어나고 있다. 컨텐츠는 목적성을 부여하는 큰 역할을 한다. 모든 브랜드는 결국 공간 브랜딩으로 확장될 것이다.

기존

Storage

Retail

공간의 변화

Storage

Retail

+

Experience

공간의 분산/이동

Storage

Retail

Experience

+

Nature

상품을 판매하는 공간과 후방 지원 공간으로 단순하게 나뉘어 있던 상업 공간의 구조가 달라지고 있다. 소비 패턴의 변화에 따라 컨텐츠를 위한 공간이 중요하게 다뤄지기 시작했으며, 안전에 대한 관심으로 외부 공간과 결합하며 소비자의 니즈에 대응하고 있다.

5. Moving_Mobility

자동차는 첨단 기술과 융합하면서
획기적으로 진화하고 있으며, 가장
앞선 미래가 실증되고 있는 분야이다.
자동차는 움직이는 거실이 되어가고
있고, 이동하는 시간은 고객 경험이
확장되는 기회가 될 것이며, 소비자의
경험에 모빌리티 경험이 통합될 것이다.
코로나19 이전부터 보이던 드라이브
스루 이동량의 증가는 이 변화를
짐작하게 하는 대목이다. 자동차의
판매량뿐만 아니라 물류 배송도 크게
늘어났다. 새로운 모빌리티 플랫폼의
출현과 배달 차량을 위한 공간 등을
포함한 도시 인프라 구축으로 이어질
것이다,

기존에 자가용이라 불리던 자동차는 자율 주행
기술의 도입으로 움직이는 거실이 되어가고 있다.
움직이는 거실이 된 자동차는 드론 등 새로운
기술과 결합함으로써 미래 이동 수단을 위한
인프라와 모든 이동 수단을 포용하는 물류의
거점 인프라를 만드는 계기가 될 것이다.

단순 이동 수단에서

컨텐츠 공간으로

모빌리티 허브 구축

6. Surviving_Environment

인류가 당면한 가장 큰 과제는
코로나19에 가려진 기후 변화이며,
바이러스의 유행 또한 기후 변화로
인해 더 잦아질 것으로 보인다. 기후
변화는 전 세계적으로 천문학적인
물적·인적 손실을 야기하고 있으며,
환경은 이제 새로운 경제 단위가
되었다. 환경은 경제와 사회,
거버넌스와 같은 위계의 어젠다가
되었다. 더 친환경적이고, 이용자의
웰빙을 더 생각하며, 시시각각 변하는
환경 관련 어젠다에 유연하게 대처할
수 있는 공간이 미래의 공간이 될 것은
어찌 보면 당연하다.

환경은 기후와 생태에 대한 단순한 이슈에서
인류의 생존 이슈가 되었고 탄소 배출권 등의
개념으로 경제 이슈로 자리 잡았으며, 이제는 모든
사람의 삶을 관통하는 시대의 주제가 되었다

TOMOR

ROW

1. Nature 자연과 안전

Rule 1. ———————————————— 도시의 자연, 복원하고 연결하다

Rule 2. ———————————— 자연의 도입과 실내 공간 경계의 유연성

Rule 3. ———————————————— 저층부 외부 공간의 활용

Rule 4. ———————————————— 공간의 분리와 독립성

Rule 5. ———————————— 좋은 건축물의 기준, 친환경을 넘어 '웰빙'

2. Contents 컨텐츠와 경험

Rule 1. ———————————— 라이프스타일 큐레이션, 목적을 제공하라

Rule 2. ———————————————— 자연이라는 강력한 컨텐츠

Rule 3. ———————————— 도착하는 순간, 고객 경험의 시작

3. Mobility 사람과 물류의 이동

Rule 1. ———————————— 미래형 모빌리티 인프라, 선택 아닌 필수

Rule 2. ———————————————— 주차 시스템의 변화

Lessons

2020년 코로나19 발발과 이를 통한 사회적 격변을 몸소 체험한 후,
우리는 코로나19 이전에 진행되던 사회적 변화의 흐름 속에서 코로나19의 충격이
사회에 준 영향으로부터 다음과 같은 질문을 떠올렸다.

**"우리가 오늘의 공간 변화를 통해 배운 것은 무엇이며,
공간의 내일을 만들 때 어떤 전제들을 적용하여야 할까?"**

근무 행태의 변화와 그로부터 생긴 주거 공간과 업무 공간의 변화, 여가와 소비 패턴의
변화로부터 예상되는 여가 공간과 상업 공간의 변화들, 물류의 변화와 미래 모빌리티의
실현 그리고 기후 변화와 그에 따른 사회와 경제의 변화까지. 미래의 공간에서
주목해야 할 핵심 가치를 정리하고 다가올 미래를 준비할 필요가 있어 보인다.

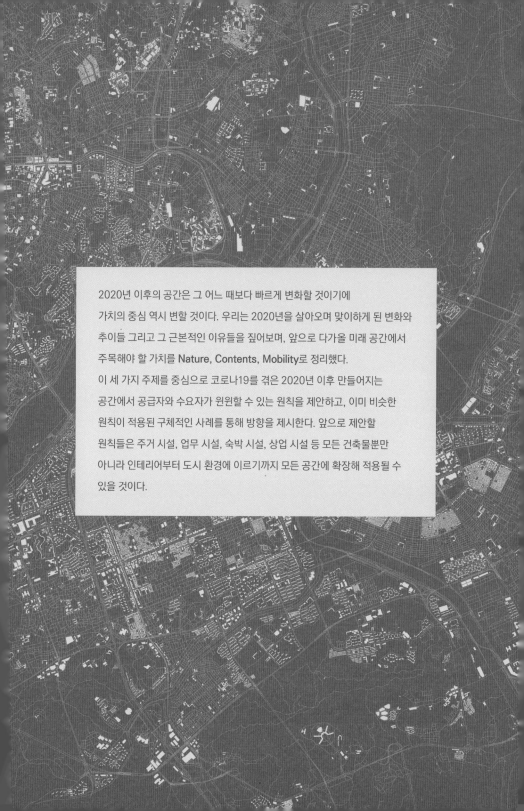

2020년 이후의 공간은 그 어느 때보다 빠르게 변화할 것이기에
가치의 중심 역시 변할 것이다. 우리는 2020년을 살아오며 맞이하게 된 변화와
추이들 그리고 그 근본적인 이유들을 짚어보며, 앞으로 다가올 미래 공간에서
주목해야 할 가치를 Nature, Contents, Mobility로 정리했다.
이 세 가지 주제를 중심으로 코로나19를 겪은 2020년 이후 만들어지는
공간에서 공급자와 수요자가 윈윈할 수 있는 원칙을 제안하고, 이미 비슷한
원칙이 적용된 구체적인 사례를 통해 방향을 제시한다. 앞으로 제안할
원칙들은 주거 시설, 업무 시설, 숙박 시설, 상업 시설 등 모든 건축물뿐만
아니라 인테리어부터 도시 환경에 이르기까지 모든 공간에 확장해 적용될 수
있을 것이다.

"Study nature, love nature, stay close to nature. It will never fail you."

자연을 공부하라, 자연을 사랑하고 자연과 가까이 있어라. 자연은 절대 당신을 실패로 이끌지 않을 것이다.

- 건축가 프랭크 로이드 라이트 Frank Lloyd Wright

1

Nature
자연과 안전

2020년, 코로나19라는 질병으로 인해 실내에서 생활하는 시간이 늘어났다. 감염의 두려움과 집콕 생활에서 오는 답답함은 그동안 사용하던 공간이 필연적으로 변해야만 함을 의미했고, 자연환경이 주는 정신적인 위안과 자연 환기 그리고 안전을 보장하는 기술이 사용자의 '웰빙'을 위한 필수 조건임을 깨닫게 했다. 실제로 안전을 위해 실외와 실내의 구분이 유연해지고, 사용 공간의 거리 두기로 1인당 사용 면적이 늘어났으며, 빌딩 시스템의 재검토가 이루어졌다. 특히 실내에서의 환기 가능 여부에 따라 감염률이 20배까지 차이 날 수 있다는 연구 결과가 알려진 이후 미국 맨해튼의 아파트에서는 공조 방식에서 집단 감염의 원인을 찾기 시작했고, 자연 환기가 되지 않는 오피스 건물들은 셧다운되었다. 공간과 자연환경의 새로운 관계 맺기, 안전을 보장하는 기술과 건물의 결합은 코로나19 이후에도 필연적으로 나타날 사용자의 '웰빙' 니즈에 의해 모든 건물에 적용되는 원칙으로 자리 잡을 것이다.

In 2020, the amount of time we spent indoors has drastically increased due to Covid-19. While the awareness against the virus increased, flexibility between indoor and outdoor spaces, the practice of social distancing, and hygiene sensitive building system were re-evaluated. Those who could not adapt were not fit enough to survive, as some of office buildings had to shutdown due to their lack of natural ventilation. It made us to realize how much nature offered us in everyday life. Blending nature into spaces and developing technology for our safety will be critical needs for every built environment more than ever.

Nature—Rule 1.

도시의 자연,
복원하고 연결하다

산업화와 함께 나타나기 시작한 도시화는 인프라를 집약적으로 모아 효율성을 최대로 끌어올리는 것에 목적을 두고 진행되었다. 빠른 속도로 도시가 과도하게 성장하는 것을 막기 위해 그린벨트를 형성해 두긴 했지만, 도시의 중심은 차도와 고층 빌딩으로 가득했다. 차도는 바쁘게 오가는 차들로 메워지고 하늘은 고층 빌딩에 가려졌다. 숨가쁜 발전의 턱을 넘어 안정기에 들어서자 시민들은 도시의 편리함에 익숙해진 한편으로 자연에 대한 향수를 품기 시작했다. 다시 자연을 가까이하는 것이 더 나은 라이프스타일의 조건이 될 수 있음을 알게 된 것일까. 성숙기에 접어든 도심 속에 공원을 만들고 가로수를 심기 시작했으며, 흩어져 있던 녹지 공간들을 편리한 도시 시스템과 유기적으로 연결시키기 시작했다.

Trend Check.

Green Network_도시 녹지 네트워크

Green Network는 나무와 식물로 이루어진 자연 인프라스트럭처(Essential Urban Walking and Natural Infrastructure)이다. 건물의 복도처럼 도시의 곳곳에 있는 녹지와 오픈 스페이스들을 나무와 식물이 있는 네트워크로 연결해 주고, 도시 야생동물을 위한 서식지를 제공하고, 시민들에게 휴식 공간이자 이동 통로로서의 역할을 제공한다. 서울의 산과 공원들, 한강을 연결해 주는 녹지축 계획이 2030 서울 플랜에 포함되어 있고, 싱가포르와 미국의 대도시들도 그린 네트워크를 활성화하는 프로젝트를 진행 중이다. 새로운 도시 계획의 스케일에서도 이런 개념이 적용되는데, 2020년도에 발표된 3기 신도시 계획 중 고양 창릉 지구를 보면 지구 단위 계획 수립 과정에서 변할 수 있겠지만, '신도시를 만들면 만들수록 자연이 자라나는 복원 도시'라는 개념 아래 5분 안에 녹지를 누릴 수 있도록 방향을 잡고 계획된 것을 알 수 있다.

Case 1	싱가포르의 파크 커넥터 시스템

싱가포르는 나라의 전체를 연결하는 파크 커넥터 시스템(Park Connector System)의 여러 단계를 30년에 걸쳐 진행 중이다. 도시의 공원과 교외의 녹지 체계, 수계를 360km의 길이에 달하도록 연결한 대규모 인터링크 네트워크는 시민들이 자전거나 도보로 아름다운 자연을 즐기거나 다양한 레크리에이션 활동을 할 수 있도록 조성되었다. 파크 커넥터는 공원과 강, 운하를 따라 천천히 이동하며 도시 곳곳을 갈 수 있는 느릿한 보행 교통 인프라이기도 하다. 주말이면 사람들로 활기를 띠는 파크 커넥터는 도시 생활에 지친 시민들을 위한 재충전 장소이자 생태계를 재생하는 도시의 허파 역할을 하는 성공적인 그린 네트워크 사례로 평가받고 있다.

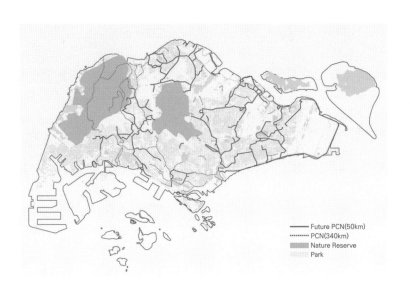

Future PCN(50km)
PCN(340km)
Nature Reserve
Park

싱가포르 파크 커넥터 지도_Drawing by Hyeyoung Park

Case 2	뉴욕의 하이 라인 파크

미국 뉴욕의 하이 라인 파크(The High Line)는 대표적인 녹색 도시 재생 사례 중 하나이다. 19세기 중반 뉴욕은 상업 도시로서 엄청난 발전을 하였고 그에 따라 화물 운송이 급격히 증가했다. 화물 운송을 위해 뉴욕시는 지상에 철도를 놓았으나 도로의 차량들과 동선이 겹치면서 사고가 끊임없이 발생하였다. 이를 해결하기 위해 뉴욕시는 지상 10m 높이로 철도를 들어올려 고가 철도를 만들었다. 하지만 도시가 발전하면서 더 이상 화물 운송이 도심에서 일어나지 않고 철도는 기능을 잃었다. 이때 철거 위기에 놓인 기찻길을 재생하여 도시의 시민들을 위한 공공 공간으로 조성하자는 운동이 일어났는데 이것이 하이 라인 파크의 시작점이다. 하이 라인 파크는 폐기된 철로에서 자라난 야생 풀과 새로운 식물이 공존하는 녹지와 맨해튼의 도심 곳곳을 바라볼 수 있는 Urban Theater, 사람들이 언제든 쉴 수 있는 벤치 등 다양한 요소로 채워져 있다. 뉴욕시를 대표하는 랜드마크 중 하나로, 맨해튼의 삭막함 속에 흐르는 한 줄기 녹색 빛으로 시민 모두에게 사랑받는 프로젝트가 되었다.

The High Line, NYC_Photo by Junchul Choi

Nature—Rule 2.

자연의 도입과
실내 공간 경계의 유연성

오랜 실내 생활에 지친 사람들은 자연으로 나가거나, 적어도 자연을
실내에서 누리길 원했고, 이는 실내에서의 감염 가능성을 낮추는
일이기도 했다. 결과적으로 자연을 품은 실내 공간, 실내와 실외의
구분이 유연하고 자연 환기가 가능한 공간에 대한 니즈가 늘어났다.
인류는 코로나19를 통해 오염되지 않고, 감염되지 않은 청정 자연과
공기의 소중함을 깨달았다. 앞으로도 반복될 바이러스를 경험하면서
'자연을 바라보는 조망권'보다 '자연이 주는 안전권'이 부동산 가치의
새로운 프리미엄으로 떠올랐을 것이다.

Trend Check.
Biophilic Design

실내 식물 판매량은 2017년에 비해 2019년에 이미 50% 증가했다. 이제 많은 사람들은
실내 식물을 최적화된 재택근무 조건을 만들기 위한 하나의 필수 요소로 인식하기
시작했다. 영국과 네덜란드에 있는 대형 사무실 두 곳에서 몇 달 동안 진행된 연구에
따르면 식물이 있는 친환경 사무실은 그렇지 않은 사무실보다 직원들의 생산성이 15%
더 높은 것으로 나타났다. 특히 코로나19 이후 재택근무를 하거나 외부 업무 환경에
대한 제한이 극대화되면서 공유 오피스와 위성 오피스 모두 바이오필릭 디자인이 반영된
공간의 선호도가 높은 것으로 나타났다.

Case 1	자연의 도입으로 만들어낸 상품성

도심 내 프로젝트를 진행하다 보면 조망권이 좋지 않아 상품성을 확보하기
어려운 경우가 많다. '자연'은 이에 대한 가장 단순하고 명료한 해결책을
제시한다. 부산 우동 프로젝트는 도심 속 건물의 저층부 조망의 불리함을
어떻게 하면 해결할 수 있을지에 대한 공간적인 고민에서부터 시작된
프로젝트이다. 열악한 환경의 주변 조망을 차단하는 동시에 거주자로
하여금 쾌적함을 느끼게 하는 해결책으로 자연을 도입했다. 단순히
자연이라는 컨셉에 그치는 것이 아니라 저층부 상업 공간에서부터
상층부 주거 공간까지 자연이라는 요소가 지속적으로 개입되어 거주자나
방문객으로 하여금 마치 자연 속에서 살고 있다는 느낌을 준다.
Tree Pot, Vertical Green Wall, Green Column 등 여러 자연
요소로 작은 공간들을 채우고 중첩하면서 내외부에 '그린'이라는 컨셉을
시각적으로 어필함으로써 그린 럭셔리(Green Luxury)의 경험을
제공하고자 했다. 상대적으로 좁고 길게 뻗은 사이트의 특성상 커다란
녹지 공간보다는 작은 녹지 공간을 여러 군데 분산시켜 작은 녹지를 끼고
있는 리테일 프론트를 조성하였다. 이는 보행자에 대응하며 상업 시설의
가치를 증가시켰을 뿐 아니라, 환경을 개선시키는 이중 효과를 누리게
되었다. 실제 거주자들은 실내 동선을 따라 계획된 조경 공간들로 인해
기존의 답답한 복도가 아닌, 실내에서 자연 속을 걸어가는 느낌을 받을 수
있도록 계획되었다. 또한 용적률을 채우기 위한 공간보다는 실제 거주자의
쾌적성을 살리기 위한 방법으로 중간중간 오픈된 공간에 자연 요소들을
배치해 실내외 경계를 자연스럽게 연결시키고 거주자들이 뜻밖의 공간에서
자연을 경험할 수 있게 계획하였다. 오션 뷰(Ocean View) 확보가 가능한
상층부와 함께 저층부 자연의 요소 도입을 통해 전체 상품성을 확보한
사례이다.

POOIUM
GARDEN

GARDEN
TERRACE

GARDEN ATRIUM w/ STAIR

Case 2	발코니의 재발견

발코니의 가치는 코로나19를 겪으면서 새롭게 조명되었다. 제주 주거 프로젝트는 발코니를 상품성의 중심으로 내세우며 성공적인 분양을 마친 제주도의 첫 1군 브랜드 주거 단지이다. 타인과 마주치지 않으면서도 일광욕, 독서 등이 가능하고 이웃들과 마음껏 담소를 나눌 수 있는 안전지대인 발코니를 염두에 두고 계획하였다. 또한 국내 대형 건설사의 최근 디자인 경향은 이러한 시장의 니즈를 인식하고 더 이상 입면 디자인 특화만 아니라 단지 전체를 '자연 공간'으로 꾸미는 새로운 관점의 컨셉을 적용하고 있다. 우리가 모르는 사이에 이미 변화는 시작되었으며 미래에는 이러한 가치가 필수 요소로 자리 잡을 것이다. 코로나19로 자가 격리와 거리 두기를 겪으면서 우리는 집에서 머무는 시간이 순식간에 폭발적으로 증가하는 것을 경험하며 나무가 심어져 있는 길을 걷고, 공원을 갈 수 있는 자유가 얼마나 큰 특권인지 느끼게 되었다. 실내에서만 생활해야 하는 시기가 만에 하나 다시 찾아온다 해도 최소한의 실외 공간을 누리고자 하는 바람이 있기 때문이다. 실제로 유튜브에는 '발코니 영화관', '발코니 콘서트', '발코니 결혼식' 등 다양한 이벤트의 공간으로 변한 발코니의 모습들을 담은 영상이 올라오기 시작했으며, 라카통&바살이라는 건축가 그룹은 60년 된 노후한 아파트의 발코니를 확장하는 리모델링으로 2019년 미스 반 데어 로에 건축상을 수상했으며, 2021년에는 건축계의 노벨상이라 불리는 프리츠커 상을 받기도 했다. 이처럼 재조명되고 있는 발코니는 공간 트렌드의 새로운 흐름이다.

국내 건설사 주거 입면 특화 프로젝트_Designed by JLP

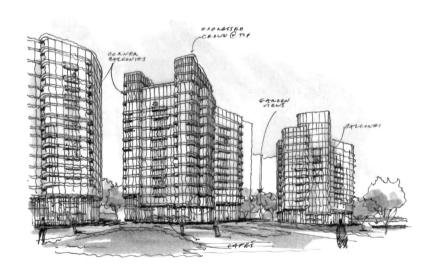

제주 주거 프로젝트_Designed by JLP

Case 3	자연을 들여온 오피스

주거 공간뿐 아니라 오피스에도 자연이 도입되기 시작했다. 세컨드
홈(Second Home)은 유럽과 미국에서 운영되고 있는 공유 오피스 개념의
공간이다. 캘리포니아의 세컨드 홈 할리우드 캠퍼스는 노란색 지붕을 얹은
60개의 원형 사무실로 구성되어 있다. 각각의 오피스들은 크기와 모양이
다양하며, 가장 큰 곳은 25명 정도의 인원이 사용할 수 있다.
모든 오피스 공간은 자연 채광이 가능하고 식물과 외부의 자연을 즐길 수
있도록 계획되었다. 사용자들은 캘리포니아의 아름다운 날씨와 환경을
일하는 시간 동안 즐길 수 있다.

Photo by Iwan Baan

Photo by Sinziana Velicescu

Nature

Tomorrow

Second Home, Hollywood

Nature—Rule 3.

저층부 외부 공간의 활용

코로나19 확진자가 한창 늘어날 당시 맨해튼과 LA 등 미국
대도시들은 음식점에 정부 소유의 실외 공간 사용 허가를 내주었다.
시민들의 반응은 폭발적이었고 음식점들이 모여 있는 곳이 곧 도시의
핫플레이스가 되었다. 한시적인 정책이었지만 이 일은 도시 재생을
모색하던 많은 도시에서 음식점의 실외 공간 사용 허가 영구화라는
도시 계획 지침을 세우게 하는 계기가 되었다. 팬데믹으로 인한
라이프스타일 변화로 저층부 외부 공간은 실외 공간과 밀접한 관계를
맺으며 진화하고 있다. 가로수 등 도시 생태 환경과 외부 공간 및
프로그램의 시각적·물리적 관계 맺기는 건강하고 활기찬 목적지
조성의 필수 요소가 될 것이다.

Trend Check.
Programmed Streets

막힌 실내 공간이 코로나19 바이러스에 취약하다는 것이 밝혀진 이후, 도로를 면하고
있는 상점이나 야외 공간을 사용할 수 있는 공간에서 적극적으로 어반 파티오 컨셉이
적용되고 있다. 야외 공간이 이전에는 유럽의 관광지나 날씨 좋은 도시들의 전유물로
여겨졌으나, 이제는 바이러스를 피해 휴식을 즐길 수 있는 공간으로 재조명되고 있는
것이다. 뉴욕시나 메릴랜드, 보스턴 등 미국의 대도시는 벌써 상점들의 도로 사용 허가
기본 가이드를 마련했고, 여기에는 충분한 거리의 확보나 식물 요소의 도입 등 세부적인
내용을 담고 있다. 미국뿐 아니라 유럽과 아시아 국가 여러 곳에서도 저층부 공간을
다양하게 활용하려는 움직임이 나타나고 있다. 사용자에게 쾌적하고 안전한 공간을
제공함과 동시에 코로나19로 인한 경제적 타격을 겪고 있는 소상공인들이 함께 윈윈할
수 있는 해결책으로 자리 잡으면서 이를 영구화할 계획을 검토 중이다.

Case 1	자연을 들인 주거 저층부

기존 아파트 단지 내 '조경'은 거주자에게 쾌적함을 높여주는 주된 요소로
작용한다. 최근에는 이에 그치지 않고 실제 저층부에서 계획되고 있는
조경을 주거 공간과 연결시킨 저층부 특화 디자인이 프리미엄 요소로
상품화되고 있다. 국내 건설사의 아파트 단지 입면 특화 디자인이었던 이
프로젝트에서는 나무와 녹지 공간이 외부 공간과 주거 공간 사이에서 제
3의 공간 역할을 하게 되는 것이다. 이뿐만 아니라 단지 시설을 이용하는
거주자들로 하여금 숲과 같은 자연을 느끼게 해주는 요소로 작용하기도
한다. 이는 기존의 어둡고 칙칙한 지하 공간까지 변화시킬 수 있는 가능성을
제시한다. 이 프로젝트에서는 선큰(Sunken) 형식의 조경으로 *녹시율을
높여 자연을 입체적으로 경험할 수 있도록 했다. 이제 거주지에서 조경은
단순히 나무만을 심는 것이 아니라 삶의 질을 높이는 가장 중요한 척도가
되고 있다.

*녹시율: 일정 지점에서 볼 수 있는 사람의 시계(視界) 내에서 식물이
녹색이 점하고 있는 비율로서, 이차원적인 녹지율의 평면적이고
수평적인 한계를 극복하고자 개발된 개념

국내 건설사 아파트 단지 입면 특화 디자인_Designed by JLP

1. NATURE -TREES
CLEAN AIR THRU
FOREST

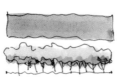

2. PLATFORM
ELEVATED HORIZONTAL
CONNECTION

3. ADD TOWERS ON
PLATFORM.

Case 2	상업 외부 공간에 대한 인식의 변화

코로나19 이후 외부 공간의 중요성과 필요성이 강조되며 실내에서
자연스럽게 연계되는 외부 공간이 새롭게 재조명되기 시작했다. 인천에
들어서는 신도시급 주거 단지의 선도 사업으로 계획한 인천 용현학익 지구
프로젝트에서는 1층의 상업 시설들을 길에서 조금 물러나게 배치해 충분한
보행 도로를 확보하고, 내부에서 자연스럽게 보이는 외부 공간에 조경을
계획하여 쾌적한 고객 경험을 선사한다. 2,3층은 상업 공간과 연계된 야외
테라스를 활용해 방문객들이 실내외를 모두 누릴 수 있도록 계획했다. 2층
공간에 계획된 커다란 캐노피(Canopy)는 갑작스러운 비를 피할 수 있는
공간을 제공하고 무더운 날 햇빛을 막는 역할을 하는 등 사계절이 뚜렷한
한국의 다양한 기후에 유용하게 작용한다. 무엇보다 2,3층에 설치된
발코니 외부 공간은 접근성이 좋지 않다는 인식이 있는 2층 상업 시설의
단점을 보완할 뿐 아니라 1층보다 특화된 장점을 어필한다.

인천 용현학익 지구 상업 시설 프로젝트_Designed by JLP

Case 3	자연과 사람이 가득한 거리

스페인 바르셀로나의 라 람블라 거리는 바르셀로나의 중심지에 위치하며
고딕 지구, 보른 지구, 라발 지구, 카탈루냐 광장 등 유명 관광지들과 인접한
1.3km의 전용 보행 도로이다. 도로 양쪽으로 즐비한 카페와 수백여
개의 상점이 들어서 있어 쇼핑과 다양한 볼거리를 즐기기 좋은 곳이다.
레스토랑과 카페의 야외 테이블은 관광객과 현지인으로 가득하다.
라 람블라 거리 전체를 걷는 데에는 한 시간이 채 걸리지 않지만 스페인의
화창한 날씨 속에서 활기에 찬 각종 노점상과 간이 기념품 가게를 구경하다
보면 시간이 어떻게 흐르는지 잊게 된다.

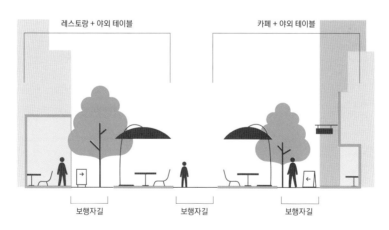

라 람블라 거리는 건물의 저층부 외부 공간과 거리가 하나의 공간으로 인식된다. 사람들은
나무가 있는 거리를 걷는 동시에 레스토랑이나 상점에서 제공하는 파라솔 공간이나 마켓에서
음식을 먹거나 쇼핑을 할 수 있다. 거리의 중심은 통행의 역할을 하고, 양쪽 끝부분은 건물 1층의
프로그램과 연장되어 다양한 컨텐츠를 제공한다.

Nature—Rule 3.

Case 4	상업 시설 활성화와 가로수의 관계

가로수는 보행자들에게 그늘과 녹지를 제공하여 쾌적하고 걷기 좋은 거리를 만든다. 높은 층고와 전면 창이 오픈된 리테일 공간은 지나가는 사람들로 하여금 안에서 어떤 일들이 일어나는지 알 수 있게 해준다. 사람들이 서울 신사동 가로수길을 자주 찾는 이유는 아마 걸을 때나 커피 한 잔을 마시며 잠시 쉴 때도 가로수가 제공해 주는 초록빛과 그늘 덕분에 도시 속에서도 쾌적함을 느낄 수 있기 때문일 것이다. 넓지 않은 왕복 2차선 도로는 사람들이 횡단하기에 부담이 없어 이 길을 두고 양쪽의 상권이 모두 형성되었는데, 조금 더 들여다보면 가로수길은 남북으로 뻗어 가는 길이기 때문에 오후에 그늘이 지는 동쪽 라인 건물들은 창을 향해 앉아서 휴식할 수 있는 카페나 음식점이 많은 편인 반면, 길의 서쪽에 위치한 건물들은 상업 공간이 대부분이다. 말 그대로 자연이 상업 공간을 만들어내고 있음을 단편적으로 보여주는 거리이다.

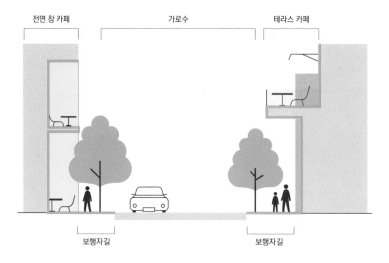

건물의 1층부와 가로수길의 인도 사이에 오픈되는 전면 창이 많으며, 사람들이 걷는 공간과 건물 전면의 거리가 멀지 않아 접근성이 좋고 안쪽의 컨텐츠가 비교적 쉽게 보행자들에게 전달된다. 가로수가 주는 자연적인 느낌과 넓지 않은 차도가 길 양쪽 모두의 보행을 활성화하는 역할을 한다.

Nature ———— Tomorrow

Nature—Rule 4.

공간의 분리와 독립성

환기가 잘되지 않는 실내 공간의 안전 확보가 중요한 이슈로
떠올랐다. 특히 사용자가 많은 업무 시설에서는 내부의 모든
공간을 기능과 동선별로 분리하여 감염 경로가 될 경우의 수를
줄이고, 사용자들의 공간을 서로 떨어뜨려 밀접 접촉의 가능성을
최소화했다. 바이러스 이동 경로로 파악된 기존의 공조 시스템은
더 이상 작동할 수 없게 되었다. 명확해진 조닝(Zoning)과 독립된
공간은 1인당 사용 면적의 확장과 충분한 휴식 및 여유 공간을
제공하고, 빌딩 시스템의 세분화는 유연한 컨트롤을 가능하게
하였다. 미래의 오피스, 학교, 도서관 등의 다중 이용 공간은 조닝 간
분리가 용이하고 필요시 거리 두기가 가능한 공간, 최소한의 공간
단위 환경 조절이 가능한 공간이 필수 조건으로 자리 잡을 것으로
보인다. 언제든 다시 닥칠 수 있는 팬데믹에 대비해 방어막을 갖춘
형태로 공간의 진화는 계속될 것이다.

Social Distancing & Bubble Space

누구에게나 안전이 우선순위이지만, 사회적인 커뮤니케이션 역시 인간에게 중요한 삶의
요소이다. 이 두 가지 상반되는 요소를 모두 누리기 위해 생겨난 아이디어가 Social
Distancing과 Personal Bubble Space이다. 일정 거리를 두고 안전한 개인 공간을
확보하면서도 같이 식사를 하거나 대화를 할 수 있는 공간을 확보하는 일 역시 포기할 수
없기 때문이다.

Case 1	업무 공간의 조닝 분리

코로나19 이후 일반적인 오피스는 물론이고 몇 년 전부터 유행인
Co-working 형태의 작업 환경은 전문가들로부터 잦은 동선의 겹침,
업무 공간의 높은 밀도로 인한 감염의 위험성을 꾸준히 지적받았다. 좀 더
안전한 업무 환경을 위해 업무 행태별·조직별 영역 분리가 요구되었으며,
각 영역마다 독립적인 환경 조절이 요구되고 있는 상황이다. 예를 들면
주 출입구 동선과 가장 가까운 곳에는 외부 인원과 대화가 가능한 회의실을
배치하여 실제로 업무가 일어나는 공간과 분리하고, 공간 사이마다 충분한
완충 공간을 두어 영역 사이의 물리적인 거리 두기를 자연스럽게 유도하며,
업무 공간 내 동선 간 교차를 최소화해 감염의 위험을 줄이려는 시도를
하고 있다.

Case 2	모듈화된 오피스 공간과 가구

코로나19가 터지기 이전부터 모듈러 오피스 가구에 대한 수요와 트렌드는
이미 형성되어 있었다. 사용자의 프라이버시와 쾌적한 근무 환경을
조성하기 위한 옵션이 아닌 코로나19 이후 거리 두기와 안전을 위한 필수
요소가 되었다. 모듈화된 오피스 공간과 가구들이 공간에 적용되면서
공간의 구성이 각자의 업무 방식에 커스텀화되고 다양해지는 현상을
보이고 있다. 기본적인 업무 공간 외에도 모듈화된 라이브러리나 휴게
공간들은 수월하게 안전을 확보하면서 근무 환경의 질을 효과적으로
높이는 데 활용되고 있다.

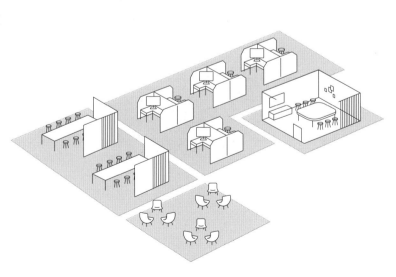

Case 3	오피스 안의 오피스, 팟 모듈 시스템

모듈화된 오피스 가구는 안전과 거리 두기라는 개념을 극대화시킨
디자인으로 이어졌다. Mohamed Radwan이 디자인한 육각형 모양의
밀폐형 팟(Pod) 시스템으로 설계된 모듈은 기존 사무실 공간과 동일한
면적당 직원 수를 유지하면서 업무 공간 내에서 안전과 프라이버시 보호를
동시에 충족하기 위해 제안된 디자인이다. 팬데믹 상황 속에서도 일부
기업들은 최소한의 사무실 근무 인력이 필요하고, 의료 관련 분야는
현장에서 작업해야 하는 상황이 오히려 더 많이 발생한다. 작업 공간을
구성하는 각 팟은 직각으로 맞춤 제작하거나 연장하여 다양한 모듈의
구성이 가능하고 안전과 편안한 작업 환경을 모두 보장하는 최적화된
자동화 시스템으로 운영된다. 각 팟에는 얼굴 인식을 하는 핸즈프리 도어가
장착되며, 루프에는 두 개의 팬이 내장된 공기 청정기가 실내의 공기를
환기시킨다.

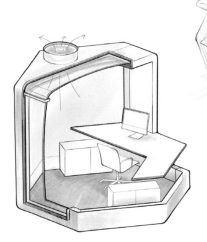

Case 4	독립된 공기 순환 시스템

공간의 모듈화는 눈에 보이지 않는 곳에서도 일어난다. 뉴욕의 한 아파트에서 자택 대기를 하던 주민들 사이에서 집단 감염이 일어난 후 뉴욕 보건당국은 중앙 공조 방식에서 그 원인을 찾았고, 주거 빌딩뿐 아니라 오피스 빌딩 등에 널리 사용하고 있는 중앙 공조 시스템에 대한 개선이 시급한 과제로 떠올랐다. 기존의 공기 순환 시스템은 각 층별 몇 개의 교환 장치와 지정된 크기의 디퓨저를 통해 공급된다. 공급된 공기는 비슷한 경로로 흡입되어 환기 시스템으로 이동하는데, 이 과정에서 공기압 차이로 인한 역류 현상 등이 결정적인 바이러스 전파의 원인이었다. 결국 각 층별 공조 그리고 지정 범위별 별도 공조가 가장 안전한 공조 방식인 것으로 드러났다. 더 안전한 주거 환경과 업무 환경을 위해서 앞으로는 개별 층, 개별 영역별 공조의 모듈화가 필요하게 되었다. 거주하는 모든 공간의 안전에 대한 관심 증대는, 실제로 개발된 디퓨저 일체형 UV 살균 장치 등 보이지 않는 곳의 단위(Module)화를 실현화하고 있다.

공조 방식의 모듈화

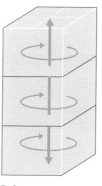 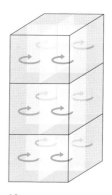

Before
하나의 수직 공조 방식으로
모든 층 공기 순환

After
개별 층마다 공조 방식 모듈화로
외부 공기 순환

Nature—Rule 5.

좋은 건축물의 기준, 친환경을 넘어 '웰빙'

지난 20년 동안 건축·건설 업계는 친환경이라는 키워드에 주목해 왔다. 기후 위기라는 범인류적 도전 과제에 있어 여러 산업들이 탄소 배출권, 친환경 에너지 등에 주목하면서 친환경 공간에 대한 관심도 증가하고 있다. 설계 과정부터 추적되는 설계 기준의 준수 여부에 따라 녹색 건물 인증 제도, LEED 인증 등으로 친환경적으로 뛰어난 건축물들에 친환경 등급을 제공한다. 2020년 코로나19 사태로 인해 공간 사용자의 건강과 웰빙에 집중하게 되었고 이는 건축물과 환경의 관계를 넘어 사람과 건축물의 관계에 대한 질문으로 이어졌다. 코로나19를 겪은 2020년 이후엔 사용자를 건강하게 하는 공간의 활용과 공간 만들기의 기준이 필연적으로 중요해질 것이다.

Trend Check.
'좋은 건축물' 인증 제도

건축물 및 건설 행위가 발생시키는 탄소 배출량은 산업 안팎으로 지적되어 왔고, 1998년 친환경 건축물 인증 제도인 LEED가 발족했다. 불과 20년 남짓의 시간 동안 LEED 인증은 우수한 건물을 규정짓는 기준이 되었고, 부동산 투자의 기준이 되었다. LEED의 영국 버전인 BREEAM은 영국과 유럽에서 좋은 건축물의 기준이 되고 있고, 독일에서 시작된 PHI(Passive House Institute) 인증은 건축물 자체로만 진행되는 수동적 친환경 기준을 적용하는 등 친환경적인 건축물과 도시에 대한 기준은 세분화되고 전문화되고 있다. 최근에는 정량적으로 탄소 배출량을 산출하고 평가하는 LEED와는 달리 좀 더 포괄적인 의미의 '좋은 환경'에 대한 정성적 기준으로 건축물을 평가하는 WELL 인증 등이 진행되고 있다.

Case 1	LEED 인증 가속화

국제연합의 전문 기관인 세계기상기구(WMO)와 국제연합환경계획 (UNEP)에 의해 설립된 조직인 기후 변화에 관한 정부 간 협의체(IPCC)의 리포트에 따르면, 세계적으로 탄소 배출량의 40%가 건축물 운영과 건설 행위에서 발생한다. 탄소 배출의 주범인 건축·건설 산업의 실질적인 참여를 유도하고자 발족한 LEED 인증 제도는 지구 온난화를 늦추고 거주자의 쾌적함을 제공할 뿐만 아니라, 20%의 건물 운영 비용 감소와 10% 이상의 부동산 가치 상승 등 경제적인 이유로 그 적용이 확대되고 있다. 특히 임대 건물의 경우, 미국 LA 지역 오피스 임대인들은 140% 인상된 임대료를 지불하고도 LEED 인증을 받은 건물에 입주할 의사가 있다고 밝히기도 했다. 실제로 글로벌 자산 운용사나 연기금 등 부동산업계의 큰손들은 포트폴리오에 LEED와 같은 친환경 인증을 투자 기준에 포함시켜 친환경 요소를 강조하고 있는 추세이고, 브룩필드와 같은 선도적인 개발 회사들은 모든 프로젝트를 LEED GOLD 등급 이상으로 계획하고 있다.

녹색 건축물 보급 현황

단위: 면적(1,000m²), ( ) 안은 건수

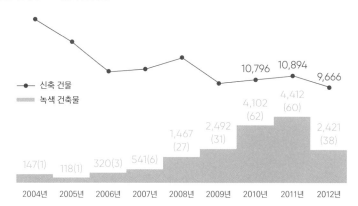

● 신축 건물
▨ 녹색 건축물

10,796 10,894 9,666

147(1) 118(1) 320(3) 541(6) 1,467(27) 2,492(31) 4,102(62) 4,412(60) 2,421(38)

2004년 2005년 2006년 2007년 2008년 2009년 2010년 2011년 2012년

Case 2	**몸과 마음이 함께 건강한 공간, WELL 인증**

WELL은 건설 환경을 통한 인간의 건강과 행복 향상을 목표로 하는 인증 프로그램이다. 지금까지의 친환경 건축 인증 프로그램들이 건물과 에너지 등 건축 환경적인 부분에 한정되어 있었다면, 이제는 '친환경'이란 용어 속에 인간에게 유익한 환경이어야 한다는 개념이 포함된 것이다. WELL 인증은 공간을 사용하는 사람의 정서와 편안함을 함께 고려한다는 점에서 의미가 있다. 예를 들면 실내 공간에서 측정되는 공기의 질, 온도, 소음, 조도, 공급되는 수돗물의 수질, 친환경적인 자재 등 기능적인 요소뿐만 아니라 동선의 최적 너비와 길이, 자전거 접근성 등 건강을 유도하는 공간의 기준과 공동체의 친밀감을 느낄 수 있는 커뮤니티 공간의 분배, 심신의 안정을 유도하는 식물의 분배 등 정성적인 기준을 제공하고 평가한다. 앞으로의 공간에는 WELL 인증과 같은 공간을 사용하는 사람의 웰빙을 추구하는 기준들이 다양한 각도로 개발될 것이고, 이런 기준들이 부동산 가치를 판단하는 요소로 작용할 것이다.

WELL 인증의 조건

1. Air
2. Water
3. Nourishment
4. Light
5. Movement
6. Thermal Comfort
7. Sound
8. Materials
9. Mind
10. Community

10 Concepts
of WELL Certification

Case 3	오피스 공실을 활용한 건강 먹거리

먹거리 또한 웰빙 공간의 기준으로 부상하고 있다. 사용하지 않는 오피스의 일부분에 스마트 팜을 설치하여 코로나19로 인한 공실률을 낮추는 새로운 해결책이 제시되고 있다. 도시에 위치한 오피스의 공실이라는 지리적 이점을 이용하여 도심지의 신선한 식재료를 제공하는 동시에 웰빙 업무 공간의 조성이 가능하다. 공간의 크기에 구애받지 않으며 수직 공간 전체를 재배 공간으로 사용할 수 있어 공간 대비 생산률이 매우 높다. 실내 공간을 이용하기 때문에 날씨에 영향을 받지 않으며 인건비의 20%가 절감된다. 농작물을 수확하고 제초제를 뿌리는 정밀 살포 시스템을 갖춘 스마트 팜 로봇(Smart Farming Robot)도 등장했다. 로봇을 이용할 경우 인건비는 더욱 줄어들고 생산 효율을 높일 수 있다.

오피스 공실을 활용한 스마트 팜 모델

기존 오피스 공간

공실 발생

공간 활성성을 높이는
스마트 팜 설치

"A great building must begin with the unmeasurable, must go through measurable means when it is being designed, and in the end must be unmeasured."

훌륭한 건축물은 측정 불가한 가치로부터 시작하고, 디자인은 측정할 수 있는 방법을 거쳐야 하며,
결국에는 다시 측정할 수 없는 가치로 귀결한다.

- 건축가 루이스 칸 Louis Kahn

2

Contents
컨텐츠와 경험

2020년 코로나19 사태는 변화 중이던 소비자 선호도를 더욱 빠르고 도드라지게 했다. 대부분의 일상 소비가 온라인으로 이루어지면서 오프라인 매장이 각자의 특성에 따라 양극화되었고, 잘되는 매장은 어떤 소비자 트렌드를 따르고 있어서인지, 잘 안 되는 매장은 이유가 무엇인지 명확하게 살펴볼 수 있는 기회가 되었다. 덕분에 분명 유동 인구도 많고 위치도 좋은데 문을 닫는 가게의 이유, 찾아가기에 교통도 인프라도 부족한데 손님들이 북적이는 핫 플레이스의 비결을 파악할 수 있었다. 사람들은 한정된 나들이 기회를 살리기 위해 확실한 컨텐츠를 찾아다녔다. 소셜 미디어를 통해 컨텐츠가 먼저 소비되는 세상, 그렇기에 명확한 이동의 목적을 제안하고 움직임을 이끌어내야만 하는 시대이다. 컨텐츠는 이동의 목적이 되며 성공적인 목적 공간의 레시피이다.

Covid-19 led to the unprecedented health crisis and brought dramatic changes on consumer preferences. Most of consumers shifted to e-Commerce for everyday essentials, and this created lasting impacts on offline retails which brought an inevitable change to them. At the same time, this event provided some perspectives on the conditions of successful retail space witnessing the rise of e-Commerce as some retails had to shut down even in the golden location and some could stay busy back of the alleys. Long story short, the key is the strong contents that amalgamate social media and reality, which provide reason to visit and consume.

Contents—Rule 1.

라이프스타일 큐레이션,
목적을 제공하라

제한된 외출 기회로 인해 소비자들은 목적이 확실한 곳, 소셜
미디어로 공유되어 있는 곳을 찾아가는 특징이 드러났다. 남들과
공유하고 싶은 라이프스타일이 있는 곳이어야만 비로소 찾아갈
이유가 생기며, 그런 컨텐츠를 가진 곳만 성공할 수 있다는 의미다.
환경을 만드는 관점에서 음식의 맛과 상품 자체의 제품력이
오리지널 컨텐츠라면, 이 오리지널 컨텐츠들의 전략적인 구성과
타깃 소비자층의 취향을 잘 담아낸 공간이 형성되었을 때 '목적을
향한 이동'이라는 효과를 기대할 수 있는 것이다. 목적을 제공하는
공간으로 성공하려면 첫째, 본연의 컨텐츠가 좋아야 하고, 둘째,
컨텐츠에 스토리가 녹아 있어야 하고, 셋째, 소셜 미디어나 주변
사람들에게 컨텐츠를 전시하고 공유할 수 있는 공간이어야 한다.

Trend Check.
Ultra-omni Channel Consumer

울트라옴니 채널 컨슈머(소비자)는 온라인과 오프라인을 넘나들며 자신이 가진 정확한
목적에 대해 소비하는 사람을 뜻한다. 이제 많은 사람들이 물건을 사기 전에 온라인으로
정보를 검색하고 가격을 비교한 뒤 오프라인과 온라인 스토어 중 합리적인 곳을
선택하여 구매한다. 음식점에 가거나 친구를 만날 때도 소셜 미디어로 이미지를 검색해
갈 곳을 정한다. 이제 오프라인에서만 인기 있는 숨은 맛집은 없다. 실시간으로 정보가
공유되고 영상이 업로드되는 세상에서는 울트라옴니 채널 컨슈머를 넘어서는 새로운
소비자들이 계속 나타날 것이다.

| Case 1 | 자연과 사람이 함께하는 문화 중심의 공간 |

문화는 방문의 목적을 제공하는 강력한 컨텐츠이다. 콘서트홀이나 음악당처럼 공연 이벤트로 목적을 제공하는 공간도 있지만, 오프라인 상업 시설이 문화 시설과 결합되어 사람들이 몰리는 곳들을 보면 문화의 힘을 더욱 체감할 수 있다. 부산에서 광안리 해변이 아닌 수영구를 방문할 이유가 하나 더 생겼다. F1963은 특수 선재 글로벌 기업 고려제강이 설립한 부산의 대표적인 복합 문화 시설로서, 부산 수영구 망미동에 처음으로 공장을 지은 연도와 공장(Factory)이었음을 의미하는 이름을 가지고 있다. 1963년부터 2008년까지 45년 동안 와이어 로프를 생산하던 공장을 2016년 9월 부산비엔날레 전시장으로 활용하면서 자연과 예술이 공존하고, 사람과 문화가 중심인 복합 문화 공간으로 다시 태어났다. 기존 건물의 형태와 골조를 유지한 채 공간 사용 용도의 특성에 맞추어 재생된 공간의 컨셉은 '네모 세 개'이다. 첫 번째 네모는 세미나, 파티, 음악회 등을 할 수 있는 모임의 공간으로, 두 번째 네모는 쉼의 공간으로, 세 번째 공간은 문화의 공간으로 꾸려졌다. 이곳은 자연과 사람, 문화가 어우러진 이 시대에 걸맞은 컨텐츠가 풍부한 공간으로 코로나19 시대에도 발길이 끊이지 않았다. 강원도 속초의 내항에 위치한 칠성조선소는 한국전쟁 중에 세워져 50년간 어업용 배를 제작하는 공간으로 이용되었으나, 어획량이 줄고 속초의 산업 구조가 바뀌면서 본래의 목적을 이어가기 힘들게 되었다. 3대째 이어져 내려오던 이곳은 수변 공간, 제작 공간 등 조선소만의 특성을 살려 2018년 복합 문화 공간으로 재탄생했다. 칠성조선소는 크게 3개의 공간으로 이루어져 있는데 Shipyard Salon, Boat Drying Plant, Art Exhibition Space다. 배를 만들고 수리하던 공간은 박물관으로, 나무를 제련하던 공간은 커피를 즐기거나 아이들이 뛰어놀 수 있는 야외 공간으로, 가족들이 집으로 사용했던 공간은 카페 공간이 되었다. 조선소가 가지고 있던 공간과 물건들을 그대로 보존하여 컨텐츠로 개발한 칠성조선소는 속초를 방문하는 관광객에게는 꼭 가 봐야 하는 장소가 되었고, 주민들에게도 자연과 문화를 누릴 수 있는 인기 있는 장소가 되었다.

Case 2	문화 생태계를 만들어내는 상업 공간

문화 컨텐츠의 힘을 실질적으로 느낄 수 있는 공간을 홍콩에서도 찾아볼 수
있다. 단편적으로 쇼핑하는 시간과 예술을 경험하는 시간의 융합을 주제로
한 홍콩의 K11 Musea는 A급 오피스 공간보다 33%나 비싼 임대료에도
불구하고 97%의 임대율을 보이고 있다. 이 시설의 성공 비결은 현 시대를
살아가는 사람들이 흥미를 느끼는 주요 컨텐츠를 한곳에 다 모아두고
쇼핑 경험과 절묘하게 결합했다는 데 있다. 스토어 큐레이션을 통해 선별된
리테일 공간은 물론이고 건축 투어, 공연, 체험 클래스 등 다양한 경험을
제공하고, 리테일 숍과 뮤지엄의 경계를 허문다는 컨셉 아래 수십 점이
넘는 예술품이 전시되어 있는데, 그 컬렉션 또한 엘름그린 & 드라그셋,
삼손 영, 에르빈 부름, 서도호 등 주목받는 작가들의 작품과 북유럽 빈티지
가구 등 높은 수준을 자랑한다. 이뿐만 아니라 유명 레스토랑과 수준 높은
다이닝들을 입점시켜 쇼핑과 아트, 미식까지 충족시키며 '하나의 목적지,
다양한 경험'을 제공하는 컨텐츠로 쇼핑몰의 새로운 지평을 열었다는
평가를 받고 있다.

Case 3	물건이 아닌 쉼의 컨텐츠를 파는 공간

파인아트와 같은 예술 문화만 공간의 컨텐츠가 되는 것은 아니다. 오히려
자사가 판매하는 상품을 중심으로 복합 공간을 만들어 브랜드 이미지를
높이고 제품의 구매로 이어지게 하는 전략을 택하는 곳도 있다. 2018년
9월 경기 이천에 선보인 수면 전문 컨텐츠를 주제로 한 시몬스의 브랜드
홍보 공간 '시몬스 테라스'는 주말 최대 2,000명 이상, 월 1만 명에 가까운
방문객들이 찾으며 오픈 1년 만에 누적 방문객 10만 명을 돌파하며 이천
지역을 대표하는 랜드마크로 자리 잡았다. 시몬스 테라스는 한국 시몬스
기업의 숙면에 대한 철학과 진정성을 다양한 컨텐츠를 통해 전달하고
소비자들과 소통하는 공간이다. 브랜드의 역사와 철학, 숙면과 브랜드
스토리, 체험, 전시 등의 다양한 경험 공간을 구성하고, 이코복스 커피를
입점시켜 방문객들의 만족도를 더욱 높였다. 침대 판매라는 단순한 목적이
아닌 잠재 고객을 확보하기 위한 브랜드 이미지의 판매가 목적인 공간인
것이다.

DOUBLE - POCKET SPRING

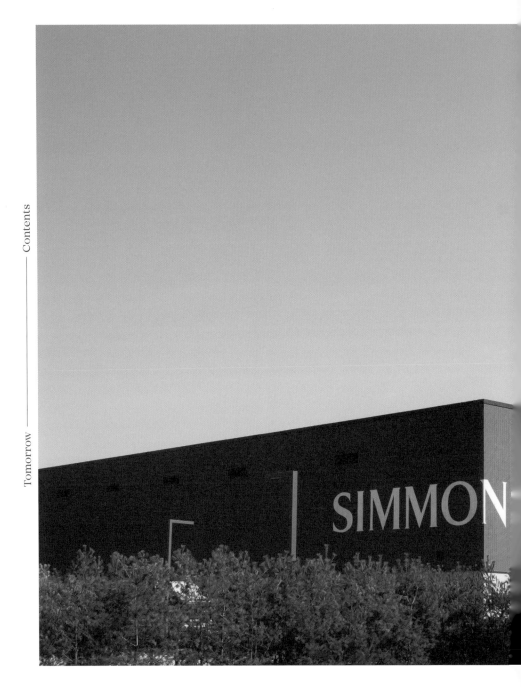

Case 4	당신이 즐기는 제품이 만들어지는 과정이 보이는 공간

세계 커피 평균 소비량의 3배를 웃도는 국가. 우리나라는 '커피 공화국'이라는 별명이 붙을 정도로 커피에 대한 관심이 대단하다. 커피에 대한 소비자의 관심은 제품 소비에서 공간 소비로 이동했고, 맥심은 이러한 트렌드의 변화에 빠르게 대응해 맥심 플랜트를 오픈했다. 도심 속 정원, 숲속 커피 공장이라는 공간 컨셉의 맥심플랜트는 오픈 이후 2년 만에 누적 방문자 수가 40만 명이 넘을 정도로 핫 플레이스가 되었다. 이 공간은 좋은 컨텐츠와 좋은 공간이 함께할 때의 시너지를 보여준다. 트렌디한 실내외 카페 공간은 물론이고 로스팅 플랜트가 투명한 유리 면으로 이루어져 다양한 위치와 높이에서 커피 제조 과정을 볼 수 있어, 소비자가 로스팅부터 포장 작업까지 커피가 원두에서 제품으로 만들어지는 과정을 컨텐츠로 즐길 수 있는 공간이다.

Contents—Rule 2.

자연이라는 강력한 컨텐츠

자연은 언제나 사람을 끌어들인다. 사람이 만들 수 없는 스케일의
예술품 같은 자연을 바라보기만 해도 경이로운 감정이 들기 때문이다.
울창한 열대우림 자체를 컨텐츠화한 '에코 투어리즘'을 국가 산업으로
내세우는 코스타리카 같은 국가도 있다. 작은 풀 한 포기에도 경외심을
느낄 수 있듯, 자연과 가까워지고 싶은 것은 인간의 본능이기에 자연
그 자체가 강력한 컨텐츠라 할 수 있다.

실내에 들인 자연이든 실외와 연계된 자연이든 사람들에게 확실한
방문의 목적, 또는 선택의 갈림길에서 잣대가 되는 요소를 자연에서
찾을 수 있으며, 이는 성공적인 공간의 또 다른 컨텐츠, 또 다른
원칙으로 작용된다.

미국 시카고는 도시를 가로질러 흐르는 '시카고 리버'를 가지고 있었지만,
과거 산업화 시대부터 화물 운송이나 워터택시 같은 도심 이동
인프라로서의 역할이 대부분이었다. 하지만 2000년대에 들어 시카고
리버 워크 프로젝트가 진행되면서 도시의 남북과 동서를 흐르는 이
강은 시민들에게 인기 있는 공공장소가 되었다. 평일에는 주변 사무실
사람들이 점심을 먹기도 하고, 주말에는 자전거를 타는 사람들과
산책하는 사람들로 늘 붐빈다. 강가에 위치한 레스토랑들은 사람들에게
아름다운 풍경을 보며 식사하는 멋진 시간을 제공해 주고 있다.

Trend Check.
Green Attraction

최근 도시의 강이나 공원, 숲을 도시에 활기를 불어넣어 주는 공간으로 재탄생시키는
프로젝트들이 세계 곳곳에서 일어나고 있다. 시카고의 경우 시카고 리버 주변을
재정비하여 관광객과 시민들 모두가 사랑하는 산책로이자 휴식 공간, 상업 공간으로
재탄생시켰다. 서울숲의 경우에도 최근 들어 '서울숲세권'이라고 불리며 주거 지역과 상업
지역으로 인기를 얻고 있다. 자연 자체가 도시의 명소가 되고, 나라를 대표하는 장소가
되어 여행객들을 모이게 하고 있다. 자연 이외엔 아무것도 없는 미국의 그랜드 캐니언,
자연과 도시가 조화로운 호주 시드니의 아름다운 항구, 도심 속 오아시스 같은 서울 청계천
등 자연이라는 컨텐츠가 주는 힘은 작은 도심 공간의 스케일부터 국가적 스케일까지 그
범위가 다양하고, 사람들에게 거부감 없이 다가간다.

Case 1	자연으로 투어리즘 어트랙션이 되는 기능적 공간

공항은 기본적으로 입출국 기능이 중요한 교통 인프라 건축물인 동시에 그 지역의 상징이기도 한 공간이다. 싱가포르의 Jewel Changi 공항은 기능과 상징을 넘어 사람들이 일부러 찾게 만드는 어트랙션(Attraction)으로 거듭났다. 엄청난 스케일의 자연을 공간에 담아 거대한 숲속에 있는 것 같은 공간감을 만들어냈다. 사실 공항은 방문객들의 목적이 굉장히 분명한 공간이기에 비행기를 탈 일이 없다면 군이 공항을 찾아가서 커피를 마시거나 주말 여가 시간을 보내지 않는다. 하지만 Jewel Changi 공항은 일반 방문객들이 이용 가능한 내부 정원과 각종 상업 시설이 복합된 새로운 유형의 공항이다. 공항이라는 기능적인 특성과 자연이라는 컨텐츠를 활용해 '세계에서 가장 푸른 도시'로 만들겠다는 국가 브랜딩을 가장 확실하게 보여주는 역할을 톡톡히 하고 있다.

Case 2	**자연이 주인공인 빌딩**

자연이 주인공이 되어 널리 알려진 건축물도 있다. 트로피컬 건축의
개념을 제안한 스리랑카의 건축가 제프리 바와의 모든 건축물은 자연이
주인공이다. 특히 세계 문화유산인 시기리야 요새를 바라보며 지어진
헤리턴스 칸달라마 호텔은 '자연이 되고 싶은 건물'이라는 애칭을 얻을
정도로 자연이 주가 되는 건축물이다.

싱가포르에도 자연이라는 컨텐츠로 주목받는 건물이 있다. '자연을 호텔
내부로 불러들인다'라는 목표로 호텔 내에 정원 개념을 채택하고, 이로 인해
지속 가능한 관리와 건물 전체 에너지 절약을 할 수 있도록 계획된 파크
로열(Park Royal) 호텔이다. 건물 외벽에서 볼 수 있는 풍부한 녹지 공간은
벽면과 객실 내부의 온도를 낮춰 에너지 소비를 절감시킨다. 싱가포르는
전형적인 열대 기후로 무덥고 습하며 비가 자주 내린다. 그래서 호텔 전체의
수목을 관리하기 위한 관수 시설은 비가 오는 동안에는 자동으로 마개가
닫혀 빗물을 저장하고, 비가 그치고 기온이 상승하면 다시 마개가 열리는
구조이다. 파크 로열 호텔은 사람에게 필요한 자연을 제공하고 사람의
기술로 자연이 잘 자라나게 하는 선순환 구조 자체가 컨텐츠인 건물이다.

Park Royal Hotel, Singapore

Park Royal Hotel, Singapore_Photo by Beomsik Kim

Case 3	자연에서 바라보는 도시의 전경

유리로 둘러싸인 전망대가 아닌 식물이 가득한 전망대가 사람들에게
새로운 경험을 선사한다. 영국 런던에서 가장 높은 건축물 중 하나인 20
Fenchurch Street 꼭대기에 설치된 스카이 가든은 런던에서 가장 높은
정원이다. 지중해와 남아프리카에서 가져온 다양한 식물들로 꾸며져
마치 공원에 온 듯한 느낌을 준다. 적절한 온도와 습도를 관리하여 일 년
내내 푸르고 아름다운 색의 꽃과 허브들이 가득하다. 이 아름다운 정원은
건물에서 가장 높은 35층을 사용하고 있다. 사람들은 정원을 즐기는
동시에 발코니에서 런던 중심부의 환상적인 뷰를 감상할 수 있다. 또한
카페와 레스토랑이 위치해 런던의 아이코닉한 공공장소이자 관광 명소가
되었다.

Sky Garden, London_Photo by Yeonjung Nam

Contents—Rule 3.

도착하는 순간, 고객 경험의 시작

온라인 소비로 거의 모든 일상 소비를 해결하는 시대, 오프라인 소비가 특별한 경험으로 이어져야만 살아남는 시대. Ultra-omni Channel Consumption의 시대에서는 고객에게 특별한 경험을 제공해야 하고, 고객 경험의 첫인상이 무엇보다 중요하다. 실제로 심리 현상 중 첫인상이 가장 기억에 오래 남는다는 프라이머시 효과를 톡톡히 누리려면 고객의 도착 경험이 가장 중요하다.

공간을 방문했을 때 동선의 시작점은 차량의 드롭오프 존과 주차 공간이다. 결국 모든 고객 경험은 그 시작점에서 무엇을 느끼느냐에 따라 좌우된다.

Trend Check.

Arrival Experience

어떤 장소에 대한 경험은 도착하는 순간부터 시작된다. 건물의 주차 공간, 호텔의 로비 등 다양한 공간이 도착 경험(Arrival Experience)을 제공할 수 있다. 주차가 너무 힘들거나, 입구를 찾기 어려워서 길을 헤맸던 경험을 하고 나면, 그 장소를 다음에 또 찾을 때 망설이게 되기도 한다. 최근 새롭게 생겨나는 공간들은 이러한 도착 경험을 고려하는 경향이 뚜렷하다.

Case 1	**컨텐츠가 된 주차 램프와 주차장**

고객의 경험을 치밀하게 계획해야 하는 시설은 대부분 소비를 전제로
한 방문이 이루어지는 시설이고, 그 경험은 시설에 도착하는 순간부터
시작된다. JLP가 서울 역삼동에서 진행한 프로젝트의 주차 공간은
기존 지하 주차장의 삭막한 풍경에서 탈피해 주차장이 하나의 독립된
공간으로서 자리매김할 수 있는 가능성을 보여주며 색다른 경험을
선사한다. 이동 및 휴게를 위한 로비 공간에 설치한 조명과 오브제로 방문
인증 사진을 남기고 싶은 마음을 불러일으키고, 주차 외 다양한 활동이
이루어지는 공간을 구성하여 고객 경험이 확장될 수 있게 했다.

163

Case 2	차량 접근을 활성화하는 상업 시설

자동차와 리테일 경험의 결합은 상업 시설의 경험을 한층 더 풍부하게
만들 수 있는 기회 요소이다. 실제로 인천 용현학익 지구에 제안된 상업
시설 프로젝트는 블록의 외곽을 따라 채워져 있던 상업 시설을 덜어내고
차량과 보행이 함께 일어나는 도로를 상업 단지 중심에 계획하여 도착
경험과 리테일 프론트의 경험이 결합되고, 궁극적으로 오픈 스페이스에서
경험하는 리테일 프론트가 획기적으로 늘어나게 되었다. 자동차의
'거주성'이 거론될 만큼 자동차의 개념이 바뀌고 있는 시대에 고객 경험은
자동차 안으로 확장되었고, 차량을 통한 상업 시설의 접근과 드롭오프
존에서의 승하차는 점점 더 중요한 고객 경험의 일부가 될 것이다.

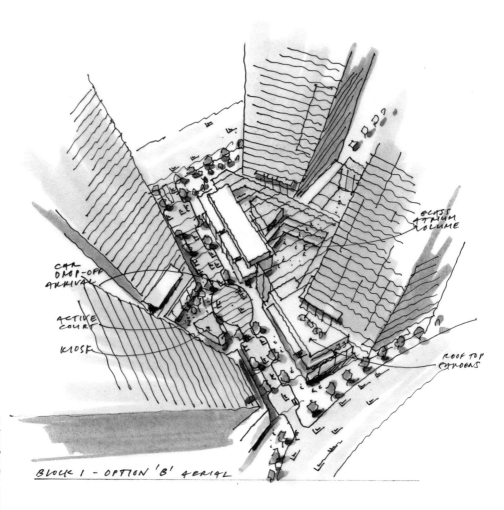

GLASS
ATRIUM
VOLUME

R.P.?

CAR
DROP-OFF
ARRIVAL

ACTIVE
COURT

KIOSK

ROOF TOP
GARDENS

BLOCK 1 - OPTION 'B' AERIAL

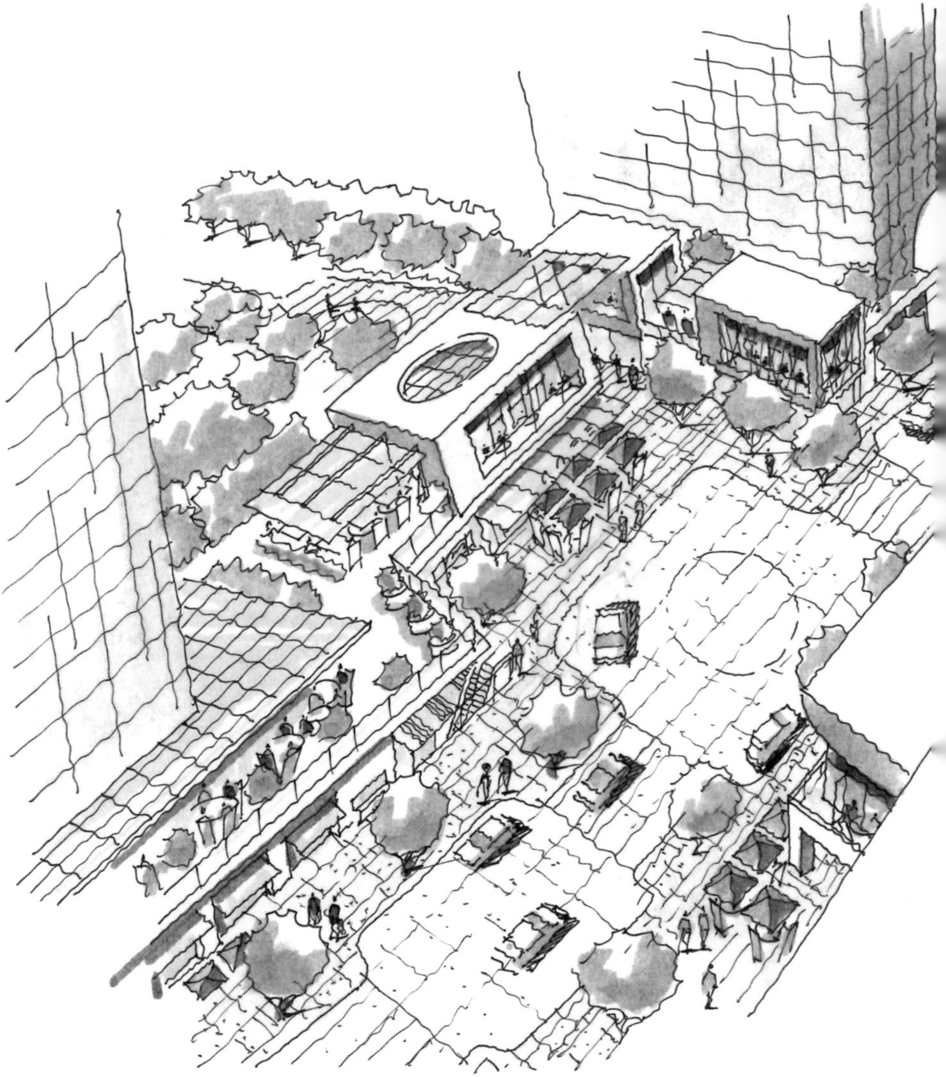

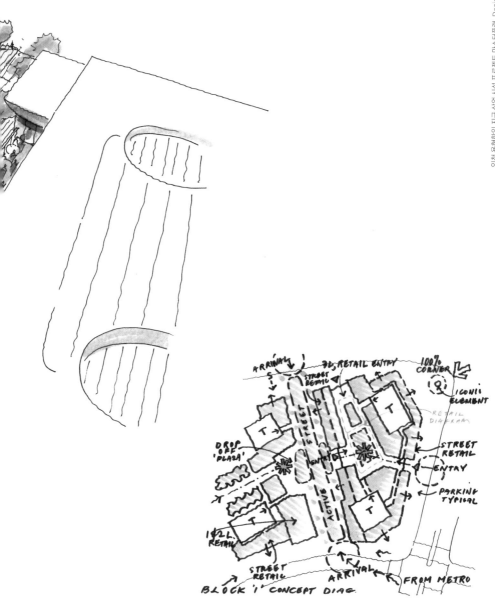

인천 용현학익 지구 상업시설 프로젝트 마스터플랜 Designed by JLP

BLOCK '1' CONCEPT DIAG.

ARRIVAL   3L RETAIL ENTRY   100%
                              CORNER
STREET
RETAIL
                              ICONIC
                              ELEMENT

                              RETAIL
                              DIAGRAM
DROP
OFF
'PLAZA'
                              STREET
                              RETAIL
                              ENTRY

                              PARKING
                              TYPICAL
1&2L
RETAIL

STREET
RETAIL   ARRIVAL   FROM METRO

169

Case 3	호텔 경험의 첫인상을 결정하는 드롭오프 존

자연에 위치한 리조트라면 대부분 장시간 자동차 운행을 통해 다다르게
된다. 고객이 피로감과 함께 목적지에 도착했을 때 가장 먼저 마주하는
곳이 드롭오프 존이다. '고객에게 가치 있는 시간을 제공한다'는 모토로
수려한 자연 속에 개발되는 아난티는, 드롭오프 존 도착 경험과 전체
프로젝트의 컨셉을 하나의 일체화된 경험으로 녹여냈다는 평가를 받는다.
경기 가평에 위치한 아난티 코드는 '압도적인 고요함 속 휴식'을 테마로 한
리조트인 만큼, 직선으로 이루어진 사각형의 공간과 종묘를 떠오르게 하는
한국적인 아름다움을 품은 공간의 컨셉이 드롭오프 존에서부터 시작된다.
중심에 있는 정적인 수(水) 공간 사이로 진입하다 보면 차분한 기분이 들기
시작한다. 이에 반해 '정적인 휴식과 활기찬 활동'을 추구하는 부산의
아난티 코브의 드롭오프 존은 다이내믹한 공간과 조형미로 방문객들에게
호텔과 리조트 전체에 대한 기대감을 증폭시키면서 좋은 첫인상을 남기는
공간으로 작용한다. 고객 경험이 중시되는 모든 시설에서 드롭오프 존이
컨텐츠로 승화된다는 것을 알 수 있다.

Ananti Chord, 기타_Photo by Hyungyo Choi

Case 4	주차장이 곧 컨텐츠

지루하기 짝이 없는 나선형 주차 동선을 컨텐츠로 활용할 수도 있다.
네덜란드의 Lammermarkt Parking Garage는 지하 주차장으로
525개의 주차 공간을 가지고 있다. 주차장에 주차하는 그 자체가 새로운
경험이 되는 이 공간은 주차 공간이 넓고, 차량의 교차 트래픽이 없고 편도
시스템을 사용하여 안전하다. 주차 공간의 뒷벽에는 역사적으로 중요한
순간들이 묘사된 예술 작품이 반 층마다 설치되어 있다. 이 예술 작품은
공간의 미적 요소이기도 하지만 사람들이 어디에 주차를 해놓았는지
인식하고 기억하게 하는 역할도 한다. 주차장에 대한 재해석, 주차 경험에
대한 재해석은 전체 고객 경험을 전반적으로 끌어올릴 수 있는 컨텐츠다.

"Some people don't like change, but you need to embrace change if the alternative is disaster."

어떤 사람들은 변화를 싫어하지만, 남은 한 가지 옵션이 재앙이라면 그 변화를 받아들여야 한다.

- 테슬라 CEO 일론 머스크 Elon Musk

3

Mobility
사람과 물류의 이동

미래의 도시는 이전과는 전혀 다른 방식으로 구성될 것이다. 그 중심에 모빌리티가 있다. 도시의 인프라를 유기적으로 활성화시키고, 모빌리티 환승 거점은 도시의 커뮤니티 공간이자 도시의 허브가 될 것이다. 모빌리티가 가지고 있는 그 확장성은 무한하다. 모빌리티 산업이 시야를 넓히면 새로운 도시가 만들어질 수도 있다. 2020년 코로나19 사태로 전 세계가 신음하고 있을 때, 주저앉을 것 같았던 주식 시장은 오히려 끝을 모르고 상승했고, 그 뉴스의 중심엔 미국에선 테슬라가, 한국에선 테슬라 배터리를 만드는 LG화학이 있었다. 우리의 현실로 다가온 전기자동차의 이야기이고 자율 주행에 대한 기대감의 반영인 것이다. 새로운 모빌리티의 진화와 실용화가 미래 도시의 한 축을 이룬다면, 또 다른 축은 주차 시스템이다. 로봇 기술이 발달하면서 자가 주차가 차지하던 공간이 다른 목적으로 변화될 가능성이 열리고 있기 때문이다. 날아다니는 자동차와 자율 주행, 로봇 주차 시스템 등 모빌리티 기술의 비약적 발전은 먼 미래상을 현실의 맥락으로 끌고 왔고, 이는 새로운 시대를 반영한 공간 구축의 전제가 될 것이다.

Cities of the future will be completely changed due to the rapid advancement of the mobility technology. As learned from the past, the texture of a city is really a palimpsest of mobility infrastructure of each era and the advancement of the recent mobility technology means another reformation of the urban context. The change is obvious: We have witnessed the amount of capital that flew into Tesla and battery companies, and we have experienced the demonstration of autonomous driving and robotic parking systems in the recent years. It is certain that the future development of flying automobiles, autonomous driving, and automatic parking system will define our everyday space, cities, or any built environment of the future.

Mobility—Rule 1.

미래 모빌리티형 인프라,
선택 아닌 필수

1800년대 영국 런던에서 산업혁명이 일어나면서 마차를 운용할 수 있는 중산층이 급증했고, 도시 계획에 마차와 말의 관리를 위한 전용 도로인 *뮤즈(Mews)들이 적용되기 시작했다. 1950년대 미국에서는 자동차가 대중화되었고 사람들의 생활 반경이 크게 늘어남과 동시에 드라이브 스루가 첫선을 보였다. 이와 같이 모빌리티의 진화는 도시의 변화를 필연적으로 가지고 왔다.

전기자동차의 대중화와 함께 5단계 완전 자율 주행을 적용한 자동차, 에어택시 등이 현실화되면 현재 크게 늘어난 온라인 소비와 더불어 우리가 살고 있는 도시를 더욱 변화시킬 것이다. 이에 따라 2020년 이후의 개발은 전기자동차 충전을 위한 인입 전력량에 대한 고려, 드론 운송을 위한 포트 등 현실과 가까운 미래 교통, 물류 모빌리티 인프라의 맥락 속에서 이루어져야 한다.

Trend Check.
Flying Mobility

지상과 비교했을 때 장애물이 없어 자율 주행을 상용화하기 유리한 에어택시는 전기차와 함께 부상하는 미래 모빌리티이다. 정부에서는 이미 도서 지역에 개인용 비행체(PAV) 특별 자유화 구역을 추진하고 있고, 국토교통부 산하 드론 교통 관제 시스템을 개발 중이다. 현대차는 도심항공모빌리티(UAM) 사업부를 개설하여 실증을 거쳤으며, 미국 로스앤젤레스와 댈러스 지역에서 우버(Uber)와 합작하여 2023년 에어택시 서비스를 상용화할 계획이다. 지상의 교통 체증을 피해 날아다니는 모빌리티 상품들이 하늘을 가득 채울 것이다.

Sketch by Eunbin Chae

Case 1	미래 모빌리티의 선두 주자, 전기차

탄소 배출량 저감 정책으로 전기차의 혜택과 수요는 더욱 늘어날 전망이다. 2036년 전기차 판매가 내연차를 앞지를 것이라는 전문가들의 예측들이 나오기 시작했다. 유럽의 자동차 판매 회사들은 2021년 탄소 배출량 페널티를 피하기 위해선 2021년까지 220만 대를 판매해야 한다. 전 세계적으로 탄소 저감 및 친환경 정책들이 더 엄격해질 예정인 가운데 기업들은 이를 세일즈에 고려하지 않을 수 없다.

구체적인 탄소 배출량 페널티를 들여다보면, EU는 2020년부터 유럽 내에서 판매하는 차량(신차 기준)이 탄소 배출량을 준수하지 못하면 초과분 1g당 95유로의 벌금을 한 해 판매 대수만큼 비례해 부과한다. 다시 말해 기존의 자동차 회사들은 탄소 배출량이 제로인 전기차의 판매를 대폭 늘려야만 앞으로의 경쟁에서 살아남을 수 있다. 이러한 정책은 소비자에게는 이점으로 작용하기도 한다. 소비자들은 전기차 구매에 대한 정부의 지원을 받을 수 있기 때문에 미래 전기차 시장은 급격히 팽창할 것이다.

테슬라의 탄소 배출권 매출액과 순이익 추이

(단위: 백만 달러)

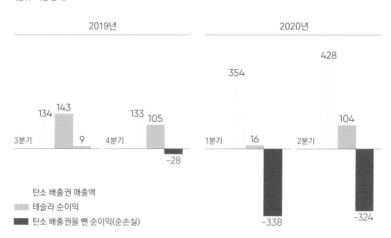

	2019년		2020년	

3분기: 134, 143, 9
4분기: 133, 105, -28
1분기: 354, 16, -338
2분기: 428, 104, -324

탄소 배출권 매출액
■ 테슬라 순이익
■ 탄소 배출권을 뺀 순이익(순손실)

Case 2	도심 항공 교통 인프라

에어택시, 플라잉카 등의 실현화에는 도시 인프라 구축이 반드시 뒷받침되어야 한다. 실제로 에어택시가 뜨고 내리는 포트, 공항과 도심을 연계하는 허브 프로젝트들이 진행되고 있으며, 현대차그룹은 영국 코번트리 지역 내에 세계 최초 플라잉카 전용 공항 건설을 진행하고 있다. 한국에서도 정부와 기업이 힘을 합쳐 도심 항공 교통(UAM: Urban Air Mobility)을 위한 인프라 구축에 대한 진행이 한창이다. 2020년 6월 도심 항공 모빌리티의 실현화를 위해 40여 개의 기업과 정부 부처가 'UAM Team Korea'라는 이름으로 뭉쳤다. 지난 6개월 동안 SK와 한화를 주축으로 하는 컨소시엄과 KT와 현대차를 주축으로 하는 컨소시엄이 구성되어 각자 실증 단계에 들어서고 있으며, 특히 한화시스템은 SK, 국토교통부와 손잡고 기체 운항을 위한 인프라 구축 사업 추진 현황 등을 PAV(Personal Air Vehicle) 모형과 함께 소개했다. 한화는 한국공항공사와 드론 택시가 뜨고 내릴 수 있는 도심 항공 교통용 터미널인 버티포트(Vertiport)보다 상위 개념인 '버티허브(Verti-hub)'를 김포공항에 만든다는 구상을 밝혔다. 정부와 국토교통부를 포함한 관계 부처는 K-UAM 로드맵에서 UAM을 국가 미래 먹거리 산업으로 규정하고 실행 계획의 마일스톤을 설정해 민·관이 협동해 추진할 계획이라고 밝혔다.

UAM 인프라 구축 컨소시엄

한화시스템
·기체 개발
·항행, 관제
ICT 솔루션 개발

한국공항공사
·UAM 이착륙장 구축 운영
·UAM 교통 관리

한국교통연구원
·UAM 서비스 수요 예측
·대중 수용성 연구

SKT
·항공 교통 통신 네트워크
·모빌리티 플랫폼 서비스

Case 3	모빌리티 융복합 스테이션

전국 각지에 이미 네트워크를 갖추고 있는 주유소들은 모빌리티 인프라 서비스 공급자로서 유리한 입지를 가지고 있다. SK에너지는 주유소를 온라인 투 오프라인(O2O) 서비스의 오프라인 플랫폼으로 변화시키기 위한 프로젝트의 일환으로 거점 주유소의 '로컬 물류 허브화'를 추진하고 있다. SK에너지는 CJ대한통운과 함께 전국 SK주유소를 지역 물류 거점화해 '실시간 택배 집하 서비스'를 구축하는 내용의 사업 추진 협약을 맺었다. 더불어 전기차 급속 충전기 도입과 동시에 맥도날드 등 패스트푸드점의 입점 등을 추진해 전기차 충전 시간 동안 시간을 보낼 수 있는 오프라인형 리테일과 복합 개발을 하고 있다. GS칼텍스는 LG와 손잡고 에너지, 모빌리티 융복합 스테이션 네트워크를 구축하고 있으며, GS25와 함께 드론 배송 허브 구축에 박차를 가하고 있다. 주유소들은 미래 모빌리티와 미래 물류 인프라의 구심점으로 거듭나고 있다.

모빌리티 융복합 스테이션

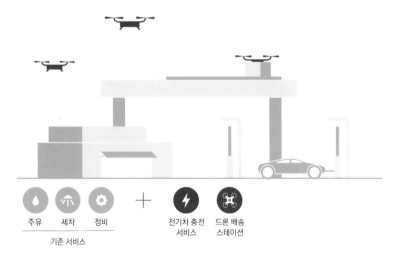

주유 세차 정비 + 전기차 충전 드론 배송
서비스 스테이션

기존 서비스

Case 4	드론 배달

2020년 아마존은 미국 연방항공청으로부터 프라임 에어 배달용 드론을
운용하는 허가를 받았다. 드론 딜리버리 시대가 눈앞으로 다가온 것이다.
드론의 크기나 종류는 사용자가 거주하는 지역에 따라 달라질 수 있다.
드론 딜리버리 시스템은 지상 운송 수단과 드론을 병행해 운용할 계획이다.
대부분의 배달은 차량에 의해 이루어지고 라스트마일 배송은 드론에 의해
완성될 예정이다. 도심 드론 물류 허브, 드론 포트부터 각 건물에 드론 배송
물품을 받을 수 있는 공간 등의 물류 인프라는 물론, 발코니에 장착되어
드론 배송 물품을 받을 수 있는 장치까지, 드론 배달은 우리가 사는 모습을
크게 바꾸어 놓을 것이다.

아마존 드론 딜리버리 타워

Mobility—Rule 2.

주차 시스템의 변화

*The U.S Economy Survey

모든 공간 개발에 있어 주차 계획은 기본적인 구조 모듈과 이에 따른 공간 계획의 근간이 된다. 특히 구축된 공간 계획에 있어 주차는 매우 중요하다. 우리가 공간을 접하는 경험의 관점에서 보자면 주차 공간에 대한 스트레스는 소비자 경험과 직결되며, 실제로 *운전자의 40%는 주차가 어려운 상업 공간은 방문하고 싶지 않다고 응답했다. 이 문제에 관하여 모든 이들이 만족할 수 있는 해결책이 나오고 있다. 단순한 기계식 주차가 아닌 첨단 기술에 의한 발렛 파킹 서비스와 새로운 시스템의 발전은 주차 공간의 효율성을 극대화하고 사용자에게 편리함을 제공한다. 이는 모든 공간에서 승하차 지점 및 주차 시설의 역할이 중요해지고, 주차장 효율이 높아진다는 것을 의미한다. 미래의 공간은 이런 흐름에 대응할 수 있도록 계획되어야 한다.

Trend Check.
Driverless Parking, Stressless Parking

운전자가 없어도 차가 스스로 주차를 하고, 호출하면 지정된 장소로 오는 주차 시스템은 운전자라면 누구나 느끼는 주차에 대한 부담감을 줄여주는 가장 혁신적인 방법일 것이다. 로봇을 이용하거나 자율 주차 시스템과 주차창의 카메라 센서를 이용하는 등 다양한 자동 주차 시스템이 세계 곳곳에서 나타나고 있다. 이 시스템은 사용자에게 편리한 주차 경험을 선사할 뿐 아니라 주차 공간의 효율을 극대화한다.

Case 1	자동 발렛 파킹 서비스

자율 주행은 기존 주차장에서 자동 발렛 파킹 서비스를 가능하게 하는 필수적인 기술이다. 현재 개발되고 있는 자동화 발렛 주차 서비스는 자율 주행으로 목적지에 도착하면, 모빌리티 이용자는 차에서 내리고 자동 발렛 파킹 서비스가 연계되어 자동차가 스스로 주차 공간을 찾아가는 서비스이다. 자동차의 자율 주행과 주차장의 센서들의 네트워크를 이용한 이 서비스는 운행 중 장애물이나 사람을 만나면 스스로 멈추기도 하고, 주차 중 충전도 지원한다. 사용자가 다시 모빌리티를 이용해야 할 때 픽업 존으로 오며, 출차와 동시에 자동차와 연결된 계좌에서 주차 요금이 자동으로 빠져나간다. 이 주차 서비스 기술은 이미 실증을 마쳤으며, 독일 슈투트가르트(Stuttgart) 공항에서 첫선을 보일 예정이다.

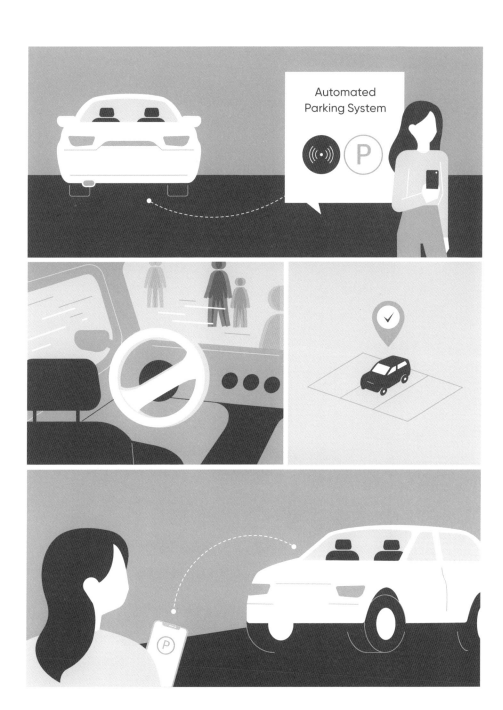

Case 2	로봇을 이용하는 자율 주차

팬데믹 이후 사람들은 바이러스로부터 안전을 확보하기 위해 차량 보유의 필요성을 느끼게 되었고, 그 결과로 2020년 상반기 국내 자동차의 내수 판매는 93만 대로 전년 동기보다 7.2% 증가하였다. 자차 보유가 늘면서 주차 공간의 중요성 역시 높아졌다. 기계식 주차의 다음 단계라고 생각할 수 있는 옵션 중 하나는 로봇을 이용하는 주차이다. 로봇 자동화 주차를 이용하면 기존 주차 용량이 40%에서 최대 60%까지 증가할 수 있다. 로봇이 차를 들어 주차 공간에 차곡차곡 보관하면 운전자가 차에서 내려 이동하는 데 필요한 공간을 확보하지 않아도 되므로 공간 효율성이 높아지기 때문이다.

Case 3	주차 공간의 미래

자동 발렛 파킹과 로봇 주차 기술이 일상에 접목되면 주차 효율이 대폭
높아지면서 기존에 구축된 많은 주차 공간들이 비워질 것이다. 주차 공간은
기둥과 바닥을 제외하고 모두 오픈되어 있는 구조이다. 이 공간을 원하는
기간 동안 원하는 크기로 변형시켜 사용 가능하기 때문에 그 용도나
프로그램의 확장성이 무한하다. 주차 공간이 오피스 공간으로 변신할 수도
있고, 파티를 하는 이벤트 공간이 될 수도 있으며, 도심 물류 창고 역할을
하게 될 수도 있다. 미국 마이애미에 있는 1111 링컨 로드(1111 Lincoln
Road) 주차장의 경우가 이러한 예를 잘 보여준다. 주차 공간이 건물의
대부분을 차지하고 있지만 누구나 볼 수 있게 오픈되어 있고, 곳곳에
이벤트 공간과 오피스 공간, 상업 공간이 자리하고 있어 주차장이지만
하나의 복합 시설처럼 작용한다. 주차 기술이 발전하고 주차장 면적이
획기적으로 줄어들수록 여분의 주차 공간을 활용하는 사례가 앞으로 계속
생겨날 것이다. 주차 기술의 진화로 생기는 새로운 공간들을 상상력으로
채워 나가는 것, 미래 모빌리티가 제공하는 새로운 기회이다.

1111 Lincoln Rd. Miami_ Photo by Jayson Lee

195

1. Nature 자연과 안전

힐링과 안전이 중요한 시대에 자연의 중요성은 주거와
업무 시설을 포함한 대부분의 공간에서 소비자를
이끄는 컨텐츠라는 점에 있다. 이는 사용자의
웰빙부터 기후 변화까지 공간 전체의 스케일을
관통하는 어젠다이다.

2. Contents 컨텐츠와 경험

기능이 아닌 이미지를 소비하는 시대이다. 사람들을
움직이게 하는 명확한 컨텐츠의 중요성은 모든 소비 관련
분야에서 부상하고 있다. 고급화와 명품은 그 흐름 중
하나이며, 특정 라이프스타일에 대한 뚜렷한 지향점이나
통합된 고객 경험의 스토리텔링 등을 통해 형성되는
상품의 명확한 컨텐츠는 이제 생존의 조건이다.

3. Mobility 사람과 물류의 이동

미래 공간에 대해 급격하게 진화하고 있는 모빌리티를
제외하고 논할 수는 없다. 친환경 거실형 자가용부터 드론
물류 유통과 라스트마일 모빌리티에 대한 기능성까지.
미래의 모빌리티는 모든 일상의 스테이지를 바꾸어 놓을
것이다. 모빌리티로 인한 공간의 변화는 여러 형태로
보여질 것이다.

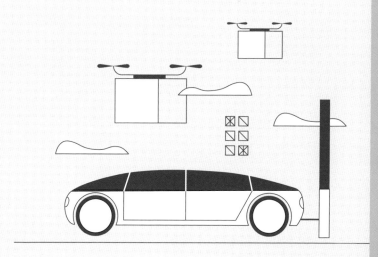

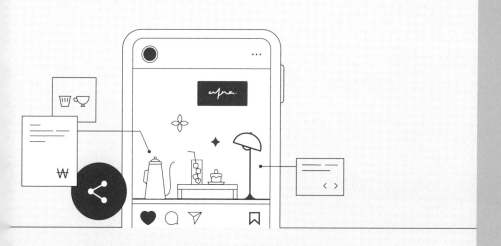

Essay

두 번째 3월
글. Cheaseon Roh

3월. 이른 아침 회사로부터 메일을 받은 그날도 적당히 무심하게 하던 일을 하고 있었고, 생일을 며칠 앞두고 들떠 있는 여덟 살 딸아이를 놀라게 해줄 케이크를 구상하고 있었다. 재택근무로 전환하란다. 사태 진정까지 단 몇 주를 염두에 두고 있는 듯했다. 그 정도는 견딜 만큼의 지구력이 있다고 믿었고 출퇴근이 사라진 스케줄은 딱히 나빠 보이지 않았다. 단, 내가 간과했던 건 내 아이가 엄마 아빠의 뒤통수를 바라보며 하루를 보내는 데 익숙하지 않다는 거다. 종일 심심해하는 게 일상인 아이의 모습에 일말의 모성애 같은 것이 자꾸 나를 질책했다. 아이를 도와야 한다.

6월. 그렇게 아이와 나는 작은 백팩을 하나 꾸렸고 방호복과 스키 고글로 무장한 탑승 대기자들이 점령하고 있는 공항 게이트에 도착했다. 한국에 당분간 나가 있기로 한 거다. 이전 해에 강원도 산속에 작은 집을 지어 놨더랬다. 그곳에 가면 아이는 적어도 산으로 들로 뛰어다닐 수 있고 온라인 수업에 대한 압박을 잠시 내려놓을 수 있다.

또다시 3월. 8개월을 화천 산골에서 살아가는 중이다. 재택근무를 하는 짬짬이 가을 내내 일손 부족한 시골에서 이리저리 뛰어다니며 일을 거들었다. 그 결과로 마을 할매들은 나를 '밭일 잘하는 외지 것'이라고 생각하는 듯하다. 길 가다 만나면 여지없이 집 안의 광을 뒤져서 뭐라도 하나 품에 넣어준다. 지나는 길에 이장님 댁 마당의 감나무를 쳐다보기만 했는데, 그 집 할매는 까만 비닐봉다리에 감을 세 개 넣어 준다.

한 학년에 한 학급, 전교생 30명, 교직원이 20명인 시골 학교에 매일 아침 등교하기 위해, 아이는 이른 아침 집을 나와 산과 냇물을 한쪽에 끼고 시골길을 1마일 걸어간다. 가끔 궁금하다. 아이는 자신의 여덟 살을 어떻게 기억할까. 전 인류가 고통받았던 한 해였다는 걸 인지나 할까?

코로나19 이후의 삶

글. Junho Choi

2020년 2월 이후 홍콩에서는 여러 정치적인 이슈 이외에도 코로나19
바이러스에 대한 공포감이 겹치면서 사회 전반적으로 분위기가 좋지 않은
기간이 2년여간 지속되었다. 세계에서 손에 꼽히는 도시 고밀화가 이루어진
홍콩에서 호흡 기관으로 전염되는 바이러스는 가장 치명적으로 다가왔다.

대부분의 마트나 식료품점이 영업을 중단했으며, 마스크를 구하기 위해
줄을 서기 시작했다. 이 와중에 이러한 수요를 기회로 삼은 사람들이 기존
신발 가게에서 마스크와 휴지를 터무니없는 가격으로 팔기 시작하였다.
그 옆을 지날 때마다 나도 줄을 서야 하는지, 집에 마스크가 충분히 있는지
걱정되기 시작하면서 불안감에 그 거리를 빠르게 걸어 지나쳤던 기억이
있다.

또한 홍콩 인구의 80%가 지하철로 출퇴근하기 때문에 동일 시간대에
많은 사람들이 밀폐된 공간에 모이는 것을 방지하기 위해 오전 10시 출근,
오후 8시 퇴근 등 시간대별로 출퇴근 시간을 조정한 회사들이 있는가
하면, 아예 재택근무로 변환하는 회사들도 급속도로 증가하였다. 모든
사람에게 재택근무가 더 안전한 선택은 아니었다. 홍콩 친구들에겐 오히려
재택근무가 더 불편한 상황이 되었는데, 면적이 좁은 홍콩은 협소한 주택
공간에서 온 가족이 살아야 하는 경우가 많기 때문에 집에서 일할 공간이
마땅치 않다. 회사 입장에서는 재택근무로 문제가 해결된 것처럼 보이지만,
실상 홍콩 사람들은 재택근무를 하기 위해 집 밖에서 새로운 업무 공간을
찾아야만 하는 상황에 놓인 셈이었다.

하지만 좁은 땅에 고밀화된 홍콩인지라 부동산 가격이 비싸 카페조차도
좌석을 많이 두지 않는다. 한국의 대형 프랜차이즈 카페처럼 넓은
자리에 몇 시간씩 앉아서 일할 수 있는 환경이 마련되지 않았기 때문에

재택근무에서 다시 오피스 근무제로 변환하게 되었고, 같은 건물에서
환자가 발생해도 계속 회사에 출근해야 하는 웃기고 슬픈 상황이
발생했다. 글로벌 기업들의 아시아 지사가 대부분 홍콩에 위치하지만, 이
장점이 오히려 코로나19 상황에서는 잦은 외국인들의 출입으로 위험을
가중시켰다. 홍콩 정부도 초반에는 잘 대응하는 것 같았으나 찰나의 확진자
발생이 결국 기하급수적인 감염자의 증가로 이어졌고, 결국은 도시의 한
행정구역 자체를 봉쇄하는 극단적인 방법까지 동원될 정도로 심각해지면서
2년여 동안의 홍콩 생활을 반강제적으로 접고 한국으로 귀국하게 되었다.
더 좋은 조건으로 한국에 오긴 했지만 코로나19로 인해 홍콩 생활을
마무리한 것이 마음 한쪽에 씁쓸하게 자리 잡고 있다.

다시 숨 쉬는 도시,
서울을 위한 '공간 발명'

글. Jayson Lee

최근 10여 년간 해외 건축 회사 소속으로 한국과 동남아를 다니며
프로젝트를 수행하며, 적지 않은 외국인 동료를 데리고 한국에 올 일이
많았다. 한국을 처음 방문한 동료들을 데리고 미팅을 다니며 몇 박
며칠의 바쁜 일정을 마친 마지막 날엔 항상 소주와 함께 테이블에서
굽는 숯불갈비를 먹으며 프로젝트 얘기와 서울에 대한 첫인상의 얘기를
자연스럽게 하게 되었다. 이 자리에서 난 꼭 한 가지 같은 질문을 했고,
신기하게도 외국인 동료들의 입에서는 거의 같은 답이 나왔다.

"서울에 와서 가장 크게 느낀 점 세 가지만 얘기해 봐."
"서울에는 정말 나무가 많아. 이렇게 많은 나무와 산이 어우러진 도시는
처음이야."
"엉? 어, 그건 의외인데? 또 그럼 다음은?"
"음…. 전통과 현대가 잘 공존하고 있는 것 같아."
"엉? 그것도 참 의아스러운데…. 또 그럼 마지막으로 하나만 더?"
"음…. 참 깨끗해."

와우, 그럼 결국 서울이란 도시는 전통과 현대가 잘 조화되어 있으면서
자연이 어우러진 깨끗한 도시라는 얘기이다! 참 신기했다. 그리고 곧
수긍하게 됐다. 그렇구나, 맞아. 생각해 보면 내가 둘러본 여러 도시들,
대부분의 중국 도시, 동남아, 어디서든 이런 도시를 볼 수는 없었다. 미국을
포함해서도 말이다. 내 경험에 비추어 보자면, 어쩌면 한국인이라는
좋은 배경 덕분인지, 미국 회사를 찾는 한국 클라이언트를 통해 한국
시장에서 활약할 수 있었고, 동남아 어디를 가더라도 내가 우쭐해질 만큼
나를 대하는 태도가 호의적이었다. 그렇게 한국인 얼굴을 한 미국인으로
다니면서 느낀 점은, 적어도 10년 전 즈음부터 미국인으로서보다는 한국
사람으로서 더 대우받기 시작했다는 것이다. 아이러니하게도 아직까지도

한국 시장에서는 미국인이라는 타이틀이 더 대우받지만 말이다. 다시
돌아보면 서울 사람들은 세계 어디에도 없는 대단한 도시에 살면서도
자신들이 외부에서 얼마나 호의적으로 인지되는지 잘 모른다. 적어도
내가 만나본 서울 사람들은 대부분 불만이 많았다. 외국인의 눈에는 이미
너무나 발전한 곳, 자연이 있고, 역사가 있고, 깨끗하고 빠른 도시, 서울에
대해 말이다.

하지만 22년 만에 역이민을 온 나의 가족의 눈엔 수많은 아파트만 보였다.
오래된 골목이나 동네들은 매일 부동산 개발이라는 명목하에 새로운
아파트로 대체되고 있었다. 지난 1년, 서울에서 사업을 시작한 나는
코로나19라는 시대의 사건을 경험했고, 아파트만 즐비한 서울을 바라보며
'과연 앞으로 남은 인생을 어떤 곳에서 살 수 있나, 살아야 하나'라는 큰
질문이 들었다. 그 답을 찾고자, 답을 정해 놓지 않고 객관적인 데이터들을
보기로 했고, 그 탐색의 과정이 이 책에 담겨 있다. 고민의 초반엔 이 책에서
결론 내린 '자연과 가까운 곳'이 그 답이라고 상상하지 못했다. 그리고 그
모습을 대한민국이, 서울이 벌써 답으로 가지고 있다는 사실도 인지하지
못했다. 복잡하고 대단히 앞선 기술로 구축된 편리한 환경이 나의 답이 될
줄 알았지만, 사실은 아니었던 것이다. 어찌 보면 며칠간 서울에 머물렀던
이방인의 눈이 더 정확했던 셈이니, 약간 뻘쭘한 답을 얻게 된 것이다.

27년간 디자인·건축·도시 개발 업무를 해온, 그리고 그것을 비즈니스로
하고 있는 내게 앞으로 자연이 필요하다는 답은 어쩌면 상반되는
얘기일지도 모른다. 사실 그렇다. 하던 일 그만두고 나무를 심고 자연으로
돌아가 전원생활을 하는 게 맞는 얘기일 수 있다. 하지만 이 상황에서
어쩌면 나와 동료들이 할 수 있는 좀 더 중요한 일이 있겠다는 일종의
의무감이 든다. 자연을 빌딩으로 가져오고, 빌딩과 도시가 자연과
어우러지게 하고, 그것이 인간에게 이로운, 가장 큰 가치가 되게 하는 일이
나의 경험을, 내가 걸어온 길을 가장 잘 활용하는 것이라는 깨달음이 있다.
최대한 자연의 필요성, 이미 가진 서울과 대한민국의 장점들을 살리는
게 중요하다는 걸 소비자가 생각하게 하고, 그래서 그것에 대한 가치를

지불하게 하고, 그래서 결국 공급자들이 그런 상품을 만들어서 팔게 하고, 결국 소비자와 공급자 모두가 이익을 가져갈 수 있는 시장을 만든다면 그게 내가 시작한 사업이 이룰 수 있는 성공의 모습이 아닐까?

안타까운 것은, 한국 소비자들의 인식은 매일매일 올라가는 집값에 눈이 멀어 당연히 요구해야 할 권리를 주장조차 못 하고 있는 듯하고(집값 떨어질까 봐), 세계 최고의 제조 기술(반도체, 자동차, 조선)을 가진 대한민국의 기업들은 가장 쉽고 빠르게 아파트라는 성냥갑 같은 건물을 몇 달 만에 찍어낸다. 소비자는 또 그것에 인생 모두를 걸고 대가를 지불한다. 어쩌면 깨끗함과 세련됨을 추구하는 한국인에게 가장 잘 어울리는 '내 집'은 아파트가 당연할지도 모른다. 다만 이제는 세련된 라이프스타일은 고수하되, 확장된 발코니를 다시 줄이고, 몇 발자국이라도 나갈 수 있고 거기에 나무 몇 그루, 화분 몇 개라도 채워 놓고, 에어컨 좀 덜 틀고, 창문을 열고 불어오는 바람을 느낄 수 있는 너무나 소소하지만 당연한 '숨 쉬는' 순간과 공간을 요구할 수 있는 소비자가 되면 좋겠다. 이런 인식의 변화가 일어나서 '공간 발명'이라는 대단히 거창한 노력을 하지 않아도 되면 좋겠다. 나는 모두에게 이런 질문을 던지며 마무리하고 싶다.

우리가 만드는 지금의 도시와 빌딩이 최소한 50~60년간 계속 우리의 공간, 도시의 환경을 정의할 것인데, 우리는 그 책임을 다하고 있느냐고, 아니 어쩌면 생각이라도 하고 있느냐고. 세계 최고의 도시 서울을 가지고 있는데, 이제 좀 천천히, 좀 더 잘 만들어야 하지 않겠느냐고. 내 가족과 자식, 후배들이 남은 평생을 서울에서 살아야 하는데, 한국에 산다는 것이 좀 더 의미 있어야 하지 않겠느냐고.

공간의 내일을 준비하며

2020년 중국 우한에서 시작된 코로나19는 세 살 어린이부터 백세 어르신까지 함께 겪는 인생 최초의 전염병이자, 이동 기술과 첨단 통신 기술로 유례없이 작아진 세계가 함께 겪는 현대 문명 최초의 글로벌 팬데믹이었다. 특히 컴퓨터와 인터넷이 보급되고 스마트폰으로 우리 손끝으로 세상과 연결될 수 있는 세상에서 맞닥뜨린 팬데믹은 업무, 교육, 소비 등 우리가 사는 방식에 근본적인 변화를 가져오고 관찰하는 기회가 됐다. 달라질 미래의 일상에 대해 다양한 사람들이 고민했고, 수많은 포스트 코로나19에 대한 전망과 통찰이 공유되었다.

공간을 다루는 우리에겐 사는 방식의 변화는 사는 공간의 변화를 의미했다. '공간'이라는 렌즈를 통해 이 거대한 변화를 관찰하고 분석해 미래를 준비할 수 있는 기준을 마련해야 함을 의미했다.

먼저, 우리의 현재 일상에서 만나는 공간들이 어떻게 활용되고 있고, 어떤 변화들을 겪고 있는지 관찰하는 것으로 시작했다. 실제 사람들의 이야기를 듣고, 뉴스 기사와 SNS에서 보여지는 각종 현상들의 데이터들을 분류하면서 재택근무라는 새로운 일상 속에서 공간 자체의 변화가 가장 뚜렷하게 나타난 것은 주거 공간과 업무 공간임을, 질병으로부터의 안전과 한정된 외출 기회에 대한 관심 증대, 편리한 첨단 기술과 이를 이용하는 데 능숙한 세대의 등장 등으로 인해 소비 패턴과 여가 패턴이 확연히 변하고 있음을, 그리고 미래의 일로 상상만 해오던 혁신적인 이동 수단이 현실화 중이며, 높아진 환경에 대한 인식이 세상을 움직이는 경제의 한 축이 되고 있음을 알게 되었다.

이렇게 변화하는 세상 속 '오늘의 공간'에서 사람들이 찾는 공간의
가치들이 변하고 있음을 확인할 수 있었다.

공간에 요구되는 가치가 변화하고 있는 오늘의 공간에 대한 스터디는
앞으로 달라질 '공간의 내일'에 대한 고민으로 자연스럽게 이어졌다. 어떤
기준으로 자연과 기술과 인간이 상생하는 공간이 만들어질지, 주거 공간과
업무 공간, 여가를 위한 공간과 소비를 위한 공간, 우리가 일상 속에서
마주치는 모든 공간이 추구하는 새로운 상생의 가치는 무엇인지 고민할
수밖에 없었다.

우리는 이 연구를 통해 크기와 기능에 구애받지 않는 모든 공간을 아우르는
지침이 있을지, 있다면 어떤 내용들로 정리가 될 수 있을지, 그리고 현재
세계 어디선가 실제로 구현되고 있는 사례가 있는지 찾아보았다. 공간의
내일을 이끄는 '안전과 자연', '컨텐츠', '모빌리티'라는 근본적인 가치
속에서 좀 더 나은 공간을 만들고자 하는 생각의 자양분이 되고자 우리가
고민하고 정리해 본 일련의 지침들을 공유하고자 한다.

Lead Editor 김 폴, 남연정

오늘의 공간, 공간의 내일
2021년 5월 25일 1쇄 발행

Executive Director
제이슨 리 Jayson Lee
Lead Editor
김 폴 Paul Kim
남연정 Chloe Nam
Graphic & Infographic
고현아 Hyeonah Ko
조항성 John Jo
채은빈 Binnie Chae

Research
김미래 Mirae Kim
김 폴 Paul Kim
김헌범 Brandon Kim
김현선 Summer Kim
남연정 Chloe Nam
노채선 Cheaseon Roh
문수정 Nicole Moon
유문영 Moon Ryu
이준선 Ryan Lee
채은빈 Binnie Chae
최준호 Justin Choi

저자: JLP International
발행처: 책과나무
발행인: 양옥매
등록번호: 제2012-000376

ISBN 979-11-5776-383-2
(03540)

편집 문의
㈜제이엘피인터내셔널 JLP International Inc.
04344, 서울시 용산구 회나무로 71, 1층
71 Hoenamu-ro, 1F, Yongsan-gu,
Seoul, Korea, 04344

www.jlpinter.com
hello@jlpinter.com
82-2-3785-0714